湖北省学术著作出版专项资金资助项目
土木工程前沿学术研究著作丛书(第1期)

工程结构可靠性理论及其应用

黄　斌　编著

武汉理工大学出版社
·武　汉·

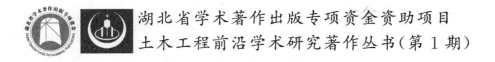

内容提要

本书是土木工程研究生系列教材之一。本书的知识点和内容的取舍，充分结合了研究生的培养需求、学科发展和科研成果。

本书详细介绍了工程结构可靠性理论的发展历史，探讨了可靠性工程的若干发展趋势和面临的挑战。系统地介绍了结构构件、结构体系和土木结构复杂体系的可靠性概念、理论与方法，如一次二阶矩法、二次二阶矩法、蒙特卡洛法、响应面法、随机有限元法等，重点介绍了随机有限元法中的混合摄动-伽辽金随机有限元方法。全面探讨了可靠性理论在土木工程中的应用研究，如结构工程、桥梁工程、岩土工程等，书中部分章节内容是作者近几年的研究成果。

本书的内容涉及专业极广，本书可供结构工程、桥梁工程、岩土工程和防灾减灾等专业的研究生使用，也可供在土木工程领域从事研究、设计、施工等方面的工程技术人员参考。

图书在版编目(CIP)数据

工程结构可靠性理论及其应用/黄斌编著.—武汉：武汉理工大学出版社，2019.2
ISBN 978-7-5629-5962-5

Ⅰ.①工…　Ⅱ.①黄…　Ⅲ.①工程结构-结构可靠性-研究　Ⅳ.①TU311.2

中国版本图书馆 CIP 数据核字(2019)第 011142 号

项目负责人：高　英　　**责任编辑**：余晓亮
责任校对：余士龙　　**封面设计**：博壹臻远
出版发行：武汉理工大学出版社
地　　址：武汉市洪山区珞狮路 122 号
邮　　编：430070
网　　址：http://www.wutp.com.cn
经 销 者：各地新华书店
印 刷 者：湖北恒泰印务有限公司
开　　本：787×1092　1/16
印　　张：10
字　　数：285 千字
版　　次：2019 年 2 月第 1 版
印　　次：2019 年 2 月第 1 次印刷
印　　数：1000 册
定　　价：68.00 元

凡购本书，如有缺页、倒页、脱页等印装质量问题，请向出版社发行部调换。
本社购书热线电话：027-87391631　87664138　87785758　87165708(传真)

前　　言

进入21世纪，我国经济高速发展，工程建设事业兴旺发达。然而，在工程建设及运营期间，工程事故仍时有发生。因而，如何确保工程结构在全寿命期内的安全性依然是工程界面临的重要挑战。

工程结构在设计、施工及运营过程中会遇到各种影响结构安全、适用与耐久的不确定因素，如何分析这些因素对结构安全性的影响推动着工程结构可靠性理论的不断发展。

工程结构可靠性理论涉及工程结构、概率论等多个学科，它与实际工程有着紧密联系并已在工程中得到广泛应用。我国颁布的各种结构设计规范都是以结构的安全可靠度为设计目标的。因此，工程结构可靠性理论对于指导工程结构的设计具有重要作用。

近几十年来，我国陆续颁布和修订了一系列的结构可靠性设计标准，如《工程结构可靠性设计统一标准》(GB 50153—2008)等。这些标准的制定标志着我国的工程结构可靠性理论具有很好的研究基础，并已取得巨大的成绩。

本书较为系统地介绍了结构可靠性理论的发展历史、发展趋势和面临的挑战，详细阐述了可靠性的基本理论和方法，包括一次二阶矩法、二次二阶矩法、蒙特卡洛法以及响应面法等，并结合作者课题组成果重点介绍了基于随机有限元的可靠性分析方法；探讨了可靠性理论在土木工程领域中的应用。

本书的编写综合了国内外许多学者的研究成果，在此对他们表示感谢。参与本书编写的人员还有李烨君博士以及博士生张衡、吴志峰、陈辉、王鑫等。硕士生李庆怡、鲁溢、贺志赟、谢尊等参与了书稿的打印、绘图和校对等工作，在此表示感谢。

本书的完成得到了武汉理工大学土木工程与建筑学院有关领导的鼓励和支持，以及武汉理工大学出版社领导和有关人员的指导，在此表示衷心的感谢。

尽管我们做出了极大的努力，但是书中难免存在疏漏、不妥之处，恳请各位专家和读者批评指正。

编　者

2019年1月

目　　录

1　可靠性理论的发展历史及挑战

1.1　概述

近几十年来，随着结构可靠性理论的不断发展，世界上很多大学都加强了对可靠性理论的教学工作，同时对结构可靠性理论进行研究的学者也在迅速增加。到目前为止，结构可靠性理论已发展成许多专业中不可缺少的一个重要研究方向，并在大学和科研单位中作为一门重要课程来进行讲授。

在日常生活和工业生产活动中，会遇到各种各样的结构。例如，工业与民用建筑、交通和铁路工程中的桥梁、港口工程中的港口码头、水工结构中的堤坝、舰船、飞机的外壳、导弹的弹体及各种运载车辆等。这些结构在其使用期内，将会承受自重、设备、人群等静、动荷载，以及风雨、冰雪等气象作用，或者波浪、水流、地震等自然作用。这些荷载作用，很多预先无法确定下来，而这些荷载作用对结构施工和运营期的安全具有重大影响。因此，荷载的不确定性是诱发结构可靠性分析的重要因素。

结构可靠性可以定义如下：在规定条件下和规定时间内，结构完成规定功能的能力。它的具体内容包括结构的安全性、适用性、耐久性、可维修性、可贮存性及其组合。

"规定条件"通常是指使用条件、维护条件、环境条件和操作技术。这些条件对结构的可靠性有着重要的影响。在不同条件下，结构系统的可靠性是不同的。这些条件是指结构所处的外部环境条件，诸如外力、温度、振动、冲击、周围介质等情况。例如，同一幢房屋建筑，在强震区和非地震区的抗震可靠性是完全不一样的。在非地震区设计的房屋建筑在强震区的抗震可靠性是很低的。

"规定时间"是可靠性定义的重要前提，规定时间通常是指设计基准期。根据这一定义，结构可靠性明显地与时间有关。规定时间的长短，随结构物及使用目的不同而异。例如，船舶及海洋结构物要求在几十年内可靠；导弹弹体结构要求在几分钟或几秒钟之内可靠；一些工业及民用建筑结构要求在几年、几十年或者更长的时间内可靠。这种时间成为结构的有效时间或使用时间，一般在设计时就予以确定，超过了这个时间，结构的可靠性会降低到规定的标准以下，不宜继续使用，而且可靠性也没有意义了。例如，一般房屋建筑的使用期是50年，若超过50年，再讨论结构的可靠性问题就没有意义了，除非这个建筑在使用期是经过加固维修的。定义中的时间概念，也可以用周期、次数、里程或其他相应于时间的单位来代替。一般来说，在规定的时间内，结构的可靠性是随时间的延长而逐渐降低的。

在结构物设计时，确定合理的设计基准期和设计条件，是一项非常重要的工作。在设计基准期内，合理的设计条件才能使设计达到既经济又可靠的目的。

"规定功能"通常指结构的各种性能指标。在设计或制造任何一种工程结构时，都赋予它一定的功能。例如，桥梁的功能是保证车辆、行人安全通行；机床的功能是进行机械加工；

导弹弹体的功能是将导弹各部分有机地联系在一起，承受运输、发射和飞行中的各种荷载。有些结构还可能会有多种功能。在结构的可靠性分析中，将会用概率的方法将这种功能的实现情况定量地表示出来。如果设计的结构能满足规定功能的要求，意味着结构是可靠的；否则，结构将会失效。可靠和失效是统一在结构体内的两个方面。在估计结构可靠性时，必须对结构失效有充分的了解。

评价结构是处于正常功能状态抑或失效状态的标志是极限状态，即极限状态是区分结构工作状态是可靠还是不可靠的标准。

严格地讲，结构的安全可靠只具有统计或概率意义。结构设计的目标，就是要在可接受的概率水平上，保证结构在规定的设计使用期限内能够满足预定的功能要求。在实际应用中，为了定量地进行分析计算，给出结构可靠性的数量指标，引入了失效概率和可靠度的概念。

结构的安全与否，关系到工农业生产，关系到人民的正常生活和生命财产安全，甚至关系到国家的稳定。进行结构可靠性分析的目的，就是将结构可靠性的大小，用概率定量地表示出来，以保证结构具有足够的安全水平。

1.2　可靠性理论发展和研究概况

在材料力学及弹性力学的基础上，工程界在早期提出的结构设计方法是许用应力法。它假设弹性结构的材料特性在空间上是均匀分布的而且是确定的。在给定荷载后，用结构力学或材料力学的方法算出构件中的应力分布，确定最不安全处的工作应力值。设计时保证最大应力不超过材料的许用应力，它满足了结构的强度要求，因而认为结构在工作中不会破坏。所采用的许用应力是根据经验及统计资料确定的。考虑到工作中的各种不确定因素，由许用应力乘以安全系数后，就可得到结构的设计强度，这种方法称为许用应力法或传统设计法。以往的结构设计均采用此法。设计时，作用于结构上的荷载以及结构的承载能力，均用定值，若有动荷载作用于结构上时，将动荷载换算成静荷载进行计算。

随着计算机的出现和计算方法的发展，结构设计中可以考虑材料的非线性等复杂因素，并应用个人电脑来进行大型结构的力学计算，与计算仿真对应的结构试验也更趋完善和成熟。但这种设计方法还没有达到完美的程度，主要原因之一就是结构设计中会遇到各种不确定因素（如荷载和材料性能的不确定性），因而趋向于用概率方法来代替它们。

在传统的决定论设计方法中，所用荷载及材料性能等数据，均取它们的平均值，或者取所谓的最大值或最小值，没有考虑到数据的离散性，而且在设计中引入了一个大于1的安全系数。这种安全系数在很大程度上由设计者根据经验确定，带有一定的不确定性，特别是运用新材料对新产品的设计更是如此。当设计者不能确信他设计的产品安全可靠时，一般来说，采用大的安全系数是正确的，它能够降低结构失效的可能。然而，这并不能绝对防止结构失效的发生，反而造成了结构质量的增加。

可靠性设计又称为概率设计。这种设计方法认为，作用于结构的真实外荷载及承载能力，都具有概率特性，设计时不可能予以精确地确定，称为随机变量或随机过程，它服从一定的概率分布。以此为出发点进行结构设计，能够更好地符合客观实际情况。从这种设计思路出发，就能够根据结构的可靠性要求，把失效的发生控制在可接受的水平。这种方法的显著优点就是给出了确定结构可靠性程度的数量概念。例如，像飞行器这样一类航空航天结构，利用概率设计法可以明显减小结构质量，并能降低成本和提高性能。

概率设计法能够解决两个方面的问题：根据设计，进行分析计算以确定结构的可靠度；根据任务提出的可靠性指标，确定构件的参数。

1.2.1 国外可靠性研究历程

结构可靠性理论的形成始于人们对结构工程中各种不确定性的认识，概率设计法的思想可追溯到20世纪。1911年，卡宾奇就提出用统计数学的方法研究荷载及材料强度。1928年苏联哈奇诺夫、1935年斯特列里茨基等人相继发表了这方面的文章。在1926—1929年间，霍契阿洛夫和马耶罗夫制定了概率设计的计算方法，但当时提出的方法不够严格，没有摆脱争论的实质，因而没有得到广泛的赞同，未付诸实践。之后，斯特列里茨基、拉尼岑和苏拉等人的工作，逐渐为这种方法铺平了道路。弗罗伊登撒尔(Freudenthal)在20世纪40年代和拉尼岑几乎同时开展了结构可靠性的研究工作。

1946年美国的弗罗伊登撒尔(Freudenthal)发表了题为《结构的安全度》的研究论文，开始较为集中地讨论结构安全度问题。该论文奠定了结构可靠性的理论基础。1947年，苏联的尔然尼钦提出了一次二阶矩理论的基本概念和计算结构失效概率的方法，给出与失效概率 P_f 相对应的安全指标 β 的计算公式。美国的康乃尔(Cornell)在尔然尼钦工作的基础上，于1969年提出了与结构失效概率相联系的可靠指标 β，作为衡量结构安全度的一种统一数量指标，并建立了结构安全度分析的二阶矩模式。

1954年，拉尼岑提出了应力-强度结构可靠性设计的正态-正态模型，并推导了用正态分布随机量的二阶矩表达的可靠性中心安全系数的一般形式。美国“大力神”导弹壳体结构设计采用了这种中心安全系数。20世纪50年代，随着导弹和空间技术的发展，结构可靠性问题日益引起人们的关注和重视，一些国家相继成立了专门的组织，从事这方面的研究，概率设计方法也日臻完善并达到了实用程度。在这期间，美国、苏联、加拿大等国家制定了相应的标准和规范，作为概率设计的依据。继而，一些国际组织也提出了这方面的准则。例如，国际标准化组织(ISO)给出了《结构可靠度总原则》，并采用了拉克维茨提出的等价正态方法，国际结构安全度联合委员会(JCSS)也推广了这一方法。

1971年加拿大的林德(Lind)提出了分项系数的概念，将可靠指标 β 表达成设计人员习惯采用的分项系数形式。这些工作都加速了结构可靠度方法的实用化。美国伊利诺依斯大学洪华生(Ang)在结构可靠度研究方面有较大贡献。他对各种结构不定性做了分析，提出了广义可靠性概率方法。1974年，他与康乃尔(Cornell)联合撰写了《结构安全和设计的可靠性基础》一文，对结构可靠度设计做了详尽系统的论述。

1986年，Liu和Kiureghian提出了两个符合边缘分布函数的多元分布模型。该模型适用于任意数量的随机变量，特别适用于工程应用，并确定了各模型的有效性条件和各变量之间相关系数的适用范围。1988年，Kiureghian和Ke利用一阶可靠性和有限元方法，建立了随机变结构随机荷载作用下结构可靠度分析方法，研究了随机域离散化的两种方法，并研究了随机属性或荷载场的相关长度对实例结构可靠性的影响。1996年，Deodatis采用基于谱表示的仿真算法，根据其规定的非平稳交叉谱密度矩阵，生成具有演化能力的非平稳、多变量随机过程的样本函数。生成的样本函数的集合互相关矩阵与相应的目标相同。

2000年，Soize提出了一种广义质量、阻尼和刚度矩阵不确定的随机模型的构造方法。这种非参数模型不需要确定不确定的局部参数。Naess和Moe描述了路径积分(PI)方法数值实现的新方法。它们允许对时间变化的动态系统进行分析，而不会显著地增加计算机时间，并给出了二维和三维问题的数值计算结果。

2001年，Au和Beck针对工程系统可靠性分析中遇到的小故障概率，提出了一种新的仿真方法，称为子集模拟法。Solari和Piccardo提出了一种适合于确定结构三维阵风激励响应的大气湍流统一模型。与经典模型不同的是，模型中所有参数都是通过一组二阶统计矩来确定的，并对模型误差和其他随机性来源也作了一般性讨论。Papadimitriou等定义了鲁棒可靠性的概念，考虑到结构建模中的不确定性，以及结构在其寿命期间所经历的不确定的激励；为了提高基于动态测试数据的鲁棒可靠性评估，将系统辨识的贝叶斯概率方法与概率结构分析工具相结合，提出了用于识别和辨认模型修正的结构可靠性的方法。

2002年，Puig等给出了一个基于高斯过程无记忆变换的蒙特卡洛仿真技术的数学依据，并对不同类型的收敛性给出了逼近序列。此外，还提出了一种原始的数值方法来求解产生基本高斯过程自相关函数的泛函方程。2003年，Proppe等对等效线性化(EQL)和蒙特卡洛仿真(MCS)在随机动力学中的应用进行了讨论。Poulakis等提出了一种用于管网泄漏检测的贝叶斯系统辨识方法。该方法适当地处理了测量和建模误差中不可避免的不确定性。基于流量测试数据的信息，它提供了最有可能的泄漏事件(泄漏的大小和位置)以及这些估计中的不确定性的估计。

2004年，Koutsourelakis等讨论了当存在大量随机变量时结构可靠度的评估问题，通过采样技术来探测失效域。Rahman和Xu提出了一种新的单变量降维方法，用于计算机械系统在荷载、材料特性和几何形状等不确定的情况下的统计矩。与常用的泰勒展开/摄动法和诺伊曼展开法相比，所提出的方法既不需要计算偏导数，也不需要随机矩阵的反演。RICHARD V F和Grigoriu探讨了PC近似的特点和局限性，研究了来评估PC近似准确性的指标。Schuëller等得出了在高维度的可靠性程序的一个重要评价方法。结果表明，如果尺寸大幅度增加或趋于无穷大，在低维中表现良好的程序可能变得无用。据观察，有些基于蒙特卡洛的模拟程序实际上能够处理高维问题。

2005年，Sues和Cesare提出了一种获得串联、并联和混合系统可靠性的方法。该方法是基于数值的简单的最可能点系统仿真(MPPSS)。该方法可用于获得系统灵敏度因子，即每个随机变量对系统可靠性的重要性。Xu和Rahman提出了一种新的计算方法，称为分解方法，可用于预测结构和机械系统在随机荷载、材料特性和几何条件下的失效概率。2006年，Elhewy等提出了人工神经网络(ANN)的响应面方法。该方法利用神经网络模型建立了随机变量与结构响应之间的关系，然后将神经网络模型与一阶、二阶矩或蒙特卡洛模拟法(MCS)等可靠性方法相结合，预测失效概率。2009年，Cadini等提出了在不确定监测条件下裂纹扩展问题的可能性。非线性模型的非加性噪声影响裂纹扩展过程。这是第一次将粒子滤波技术应用于结构预测问题，并对滤波器进行修改，以便根据预定义检查时间的观测估计部件剩余寿命的分布。2010年，Kaymaz和Mcmahon提出了一种新的响应面称为ADAPRES，其中加权回归方法应用于标准回归。实验点也选自设计点最可能存在的区域。实例说明所提出的方法对数值和隐式性能函数有改善。Kang 等提出了一个有效的应用移动最小二乘(MLS) 近似的 RSM，而不是传统的最小二乘近似。MLS 近似给出了权重高于实验点接近最可能失效点(MPFP)，它允许响应面函数(RSF) 是在 MPFP 接近极限状态函数。

2011 年，Chakraborty 和 Roy 给出了有界不确定系统参数下的调谐质量阻尼器(TMD) 参数在地震振动控制中的可靠性优化问题。2012 年，Spanos 和 Kougioumtzoglou 提出了一种新的基于谐波小波的统计线性化方法来确定随机激励下非线性振荡器响应的演化功率谱，还通过非线性系统的输入输出关系的统计线性化来扩展非线性系统。同年，两人研究了随机激励非线性振子的非平稳响应概率密度函数(PDF) 的近似解析技术。2013 年，Yurchenko 等考虑带窄带随机激励的非线性马蒂厄方程的旋转运动，利用路径积分技术获得响应的联合概率密度函数，用于构造参数空间中的旋转运动域。Wu 和 Law 提出了一种考虑不确定性的桥梁与车辆相互作用动力学分析的新方法。该方法与蒙特卡洛方法在数值模拟中有很高的一致性，在不同的车辆速度、不确定性的激励和系统参数的情况下具有良好的协议。

2014 年，Marian 和 Giaralis 提出了一种新的被动振动控制结构，即调谐质量阻尼器式(TMDI)，作为经典的调谐质量阻尼器(TMD) 的推广，来抑制振荡运动的随机支持激发机械级联(连锁) 系统。Gaspar 等提出了一种对 Kriging 插值模型的效率进行评估的方法，该模型用于包括非线性有限元分析、结构模型等耗时的数值模型的结构可靠性问题。

近年来，欧洲混凝土委员会(CEB) 和国际预应力混凝土协会(FIP)，在安全度研究方面也做了大量工作。1971 年，由 CEB 倡议，CEB、CECM(欧洲钢结构协会)、CIB(国际房屋建筑协会)、FIP、IABSE(国际桥梁与结构工程协会)、RILEM(国际材料与结构研究所联合会) 赞助，成立了国际结构安全度联合委员会(JCSS)，并编制了《结构统一标准规范的国际体系》。1976 年，JCSS 推荐了拉克维茨(Rackwitz) 和菲斯莱(Flessler) 等人提出的通过“当量正态化”方法以考虑随机变量实际分布的二阶矩模式。至此，结构可靠性理论开始进入实用阶段。

在国际学术会议方面，“国际结构安全性与可靠性会议”(ICOSSAR) 第一届于 1969 年在美国华盛顿举行，第二届于 1977 年在德国慕尼黑举行，此后每四年举行一次。另一个国际系列学术会议“国际土木工程中统计学与概率论的应用学术会议(ICASP)”也是每四年举行一次。同时，在《结构安全性》(Structural Safety)、《概率工程力学》(Probabilistic Engineering Mechanics) 等国际期刊上，集中报道了各国在工程结构可靠性方面的重要研究成果。

1.2.2　国内可靠性研究历程

20 世纪 50 年代，我国开始了对结构可靠性的研究工作。研究的方向大致可分为两个方面，即静力可靠性和动力可靠性，并在此基础上涵盖了多个结构领域。

在静力可靠性方面，1954 年，大连理工大学赵国藩提出用数理统计学中的误差传递公式，计算各种荷载组合的总超载系数 n_S 及构建总均值系数 K_R，以代替各分项系数。1960 年，他提出用数理统计法计算的安全系数与经验系数相结合，设计钢筋混凝土结构构件。20 世纪 60 年代，土木工程界广泛开展了结构安全度问题的讨论，对影响安全度的诸因素进行了较为详细的分析。20 世纪 70 年代，我国的部分规范采用了半经验半概率的极限状态设计法，但在安全度的表达形式上以及材料强度的取值原则上，各设计规范没有统一起来。为此，国家基本建设委员会于 1978 年成立了《建筑结构设计统一标准》编委会和专题研究组，组织有关单位开展了研究工作。1983 年提出的《建筑结构设计统一标准(草案)》就完全采用了国际上推行的概率极限状态设计法(水准 Ⅱ)。目前，我国工程结构设计规范的编制与修订正在按下述层次进行：第一层次为《工程结构可靠度设计统一标准》；第二层为按照第一层次统一标准的指导原则编制的专业部门的国家标准，如《港口工程结构可靠度设计统一标准》、《水利水电工程结构可靠度设计统一标准》等；第三层次为按照第二层次标准修订补充而成的具体行业标准，如《砌体结构设计规范》、《钢结构设计规范》等。

1984 年，赵国藩院士在根据帕洛黑姆和汉纳斯的“加权分位值”的概念基础上提出了“结构可靠度的实用分析方法”。1987 年，李桂青和曹宏研究在平均风压和脉动风压共同作用下高耸结构动力可靠性的分析方法，提出了计算结构的年破坏概率与使用期限内破坏概率的整套公式，并考虑了风向的影响。1992 年，赵国藩院士根据最大熵原理提出了“结构可靠度分析的四阶矩法”。1993 年，李云贵、赵国藩以条件概率和数值分析方法为基础，提出了一种新的结构体系可靠度点值估算方法，并通过算例说明了该法的应用。

在动力可靠性方面，1986 年，王光远等在充分考虑地震荷载的模糊性和随机性的基础上建立了地震地面运动干扰的模糊平稳随机模型，提出了在地震作用下结构模糊随机振动反应分析的基本方法。1995 年，王光远以模糊随机变量为基本变量，定义了结构的模糊随机功能函数，分析了结构有效状态与失效状态之间的模糊性，建立了结构的模糊随机极限状态方程。

1994 年，姚耀武和陈东伟研究了基于可靠度理论的土坡稳定可靠度使用分析方法，采用 JC 法，包括楔块稳定分析法和具有多种土质堤坝的转动分析方法，并考虑了 c、φ、γ 等参数为随机变量。

1995 年，欧进萍、段宇博提出了结构构件和体系“小震不坏”、“大震不倒”及结构体系在设计基准期内的抗震可靠度分析方法；重新校准了结构构件的目标可靠度指标；综合考虑结构造价和损失期望，并提出了结构体系抗震目标可靠度的优化决策方法。1999 年，王光远对抗震结构的最优设防烈度与可靠度进行了研究，提出了具有“安全-中介-失效”工作模式的各种结构和工程系统的可靠性分析方法。

在学术会议方面，我国土木工程学会桥梁及结构工程分会结构可靠度专业委员会，从 1987 年起每隔两三年举行一次全国性学术会议。会议收录的论文全面地反映了我国在结构可靠性研究领域的成果。

1993 年，肖焕雄、韩采燕把超标洪水间隔时间作为随机变量，考虑实际施工导流系统使用之前的最近一次超过设计值的洪水发生时间已知的条件，提出了一种超标洪水风险率模型，并对洪水间隔时间的概率分布做了初步分析。1994 年，肖焕雄、唐晓阳从截流实际情况出发，研究水流作用下群体抛投混合料的稳定性。

1996 年，金伟良采用 Monte-Carlo 方法进行结构可靠度的数值模拟，提出了以条件期望和重要抽样相结合的改进模拟方法。1997 年，李杰提出了考核中小型电力变压器的可靠性建议指标，并通过样本实例，给出了目前中小型电力变压器的可靠性运行状况。

1998 年，贡金鑫等论述了结构性能劣化的原因，提出了一种简便易行，且形式上能够与现有的结构可靠度分析方法相协调，并考虑抗力变化的结构可靠度的分析方法。杜修力结合水工建筑物的特点，提出了一套可供水工建筑物抗震可靠度设计和分析应用参考的随机地震动输入模型和参数。1999 年，严春风等应用岩土工程可靠度计算中常用的一次二阶矩法，以 Mohr-Coulomb 准则的抗剪度参数 c、φ 为例，针对各种不同分布函数概型对可靠度指标的敏感度进行了定量分析。

2000 年，李国强对结构抗震设计的目的与目标、结构抗震设计原则、结构抗震设计标准、地震作用的统计分析以及基于概率可靠度的结构抗震设计方法等方面中存在的问题，进行了探讨。徐军等基于可靠度指标的几何含义，运用遗传算法原理，提出了计算岩土工程可靠指标和设计验算点的全局优化算法。刘宁等综合考虑初始地应力、渗流荷载以及岩体材料参数的随机性，采用非线性有限元的初应力法，基于偏微分技术，模拟地下洞室施工开挖步序，提出了地下洞室围岩可靠度对随机因素敏感性的计算方法。

2001 年，张建仁、刘扬将遗传算法（GAs）和人工神经网络（ANN）这一类智能方法引入斜拉桥可靠度分析领域，分别对斜拉桥主梁和索塔在多种失效模式下的可靠度进行计算和分析。欧进萍等根据结构体系可靠度的特点，提出了基于概率 Pushover 分析的结构体系抗震可靠度评估方法，并通过理论分析和算例结果表明：该方法是评估结构体系抗震可靠度的简便、实用方法。傅旭东和刘祖德结合土坝应力变形的可靠性分析，对二阶非线性摄动随机有限元理论、程序和土性参数随机场的离散技术进行研究，推导出邓肯-张模型的一阶和二阶弹性偏导矩阵，提出非线性摄动随机有限元的计算方法，研制出相应的程序。

2002 年，徐军、郑颖人基于数值模拟研究了响应面重构的若干方法，以模拟实际工程中常见的功能函数不能明确的可靠度计算问题。2003 年，徐军、郑颖人结合可靠度理论，给出了围岩稳定的可靠度分析方法，在计算出可靠度的同时还给出了围岩和锚喷支护结构的应力特征值。

2004 年，陈建兵、李杰基于概率密度演化的基本思想，构造一个虚拟随机过程，使得随机结构动力反应的极值为该虚拟随机过程的截口随机变量，提出了随机结构动力可靠度分析的极值概率密度方法。2005 年，张建仁、秦权在研究现有混凝土桥梁抗力和荷载的时变性的基础上，建立了现有桥梁的时变可靠度计算模型，采用自适应重要抽样法计算时变可靠指标，并对变量进行了参数敏感性分析。2006 年，熊铁华、常晓林利用基于响应面的随机有限元法来获得失效模式中各个单元的极限状态方程，通过得到这些方程的等效线性化方程从而逐步得到该失效模式的等效线性化方程，并由 Ditlevsen 界限法来计算结构的体系可靠度。吕大刚等将结构的可靠度方法与基于性能的抗震设计理论结合起来，提出了基于可靠度和性能的结构整体地震易损性分析方法，并采用有限元可靠度方法进行了结构地震易损性的计算。苏永华等以 Janbu 法为例，研究隐式功能函数边坡工程稳定可靠度计算方法。通过不同计算方法的对比，验证该近似方法的准确性和合理性，并采用近似方程分析灰木露天矿边坡的稳定可靠性。

2007 年，周伟等针对基于有限元法的重力坝深层抗滑稳定分析问题，根据工程实际中软弱结构面上的抗剪断摩擦系数和凝聚力变异性不同的特点，在计算中引入滑动面上抗剪强度参数的分项系数，提出了一种新的应用于重力坝抗滑稳定的有限元计算方法——分项系数有限元法。2009 年，熊铁华等研究了顺风向、横风向风荷载同时作用下输电铁塔的主要失效模式及其极限基本风压。按空间桁架体系建立了输电铁塔的有限元模型，建立了在风荷载作用下，寻找输电铁塔主要失效模式的方法。2010 年，熊铁华、梁枢果研究了在覆冰荷载作用下，输电铁塔主要失效模式及其体系可靠度。建立覆冰荷载作用下寻找输电铁塔主要失效模式的方法。李典庆等提出分析相关非正态变量可靠度计算问题的随机响应面法，采用 Nataf 变换成功地解决输入变量相关时随机响应面法的配点问题及可靠度计算问题。郑俊杰等基于无量纲计算模式，研究了极限状态方程中每个随机变量对基桩竖向承载力可靠性分析的影响，并采用最大熵原理将可靠指标的计算转化为熵密度函数的计算。利用无量纲计算模式推导了基桩竖向承载力的失效概率的计算公式。吕大刚等将均匀设计与响应面法相结合，提出了结构可靠度的数值模拟新方法：基于均匀设计的响应面法、均匀设计响应面与蒙特卡洛抽样相结合的混合模拟法。

2011 年，贾超等以国内某盐岩地下储气库为例，建立了相应的可靠度计算功能函数，开展储气库运营期时变可靠度计算及储库风险分析研究。以储库的蠕变体积收缩率为风险控制指标，拟合出满足工程可靠度要求的体积收敛率限值与储气内压的关系式，并探讨了储气库可靠性对主要随机因素的敏感性。

2012 年，陈祖煜等通过典型重力坝算例分析及工程实例的反演分析，对岩体的抗剪强度参数的分项系数进行了敏感性分析，对重力坝设计规范的建议值的合理性进行了评价。提出可靠度方法相对安全率 η_R 的概念和计算公式，以无重介质地基的极限承载力为例在数学上严格证明了传统方法与可靠度方法相对安全率的等价性，证实了可靠度方法相对安全率 η_R 作为描述建筑物失效概率相对允许值裕幅的指标的合理性，并以 $\eta_P=\eta_R$ 为判据进行了分项系数标定的工作。李典庆、蒋水华等提出了地下洞室变形可靠度分析的非侵入式随机有限元法，并提出了随机多项式展开与 SIGMA/W 模块接口方法及其流程图，从而实现了确定性有限元分析和随机分析一体化。最后研究了非侵入式随机有限元法在地下洞室变形可靠度分析中的应用。

2013 年，左育龙等针对岩土工程的功能函数强非线性、难以显式表达的特点，提出了基于人工神经网络的四阶矩法。利用神经网络对隐式功能函数进行拟合，求出基本随机变量在均值点处的功能函数值和其偏导数，利用四阶矩法求解岩土工程的隐式功能函数可靠度。李典庆等提出了考虑土体参数空间变异性的边坡可靠度分析的非侵入式随机有限元法。采用 K-L 级数展开方法表征土体抗剪强度参数空间变异性，其中通过 Wavelet-Galerkin 技术求解 Fredholm 积分方程得到相关函数的特征解。基于有限元滑面应力法计算边坡安全系数，采用随机多项式展开将隐式函数表达的安全系数替换为显式函数表达的安全系数，并编写了计算程序 NISFEM；研究了所提方法在考虑土体参数空间变异性的边坡稳定可靠性分析中的应用。

2015 年，杨晓艳等以可靠度理论和实测车辆荷载数据为基础，推导了考虑桥梁跨径对车辆荷载分项系数的影响，建立车辆荷载效应的概率模型，得到不同跨径桥梁车辆荷载效应标准值的跨径影响系数，在此基础上确定了不同跨径桥梁结构的车辆荷载分项系数与跨径的关系，并采用一次二阶矩可靠度方法计算了其可靠指标。1999年，邱志平和顾元宪为计算出不确定结构参数对结构位移影响范围的上下界，提出了两种区间摄动方法。当结构参数具有误差或有界不确定性时，区间数学可以在不知道不确定变量的概率分布的情况下定量地考察不确定参数对结构响应的影响。

可靠度理论的研究和实际应用发展速度较快，从电子产品的可靠性分析与设计，拓展到机械设备和工程结构领域，从军事领域逐步转向一般工业和民用部门。在不久的将来，可靠度理论的研究与应用将与我们的生活息息相关。

可以预料，结构可靠性理论作为一门新兴学科，随着科学技术的不断发展，必将不断完善并拓宽自己的应用领域，使结构设计与分析方法进入一个新的阶段。

1.3 可靠性理论面临的挑战

1.3.1 结构建模的非确定性

实际工程问题中广泛存在着与几何尺寸、材料属性、边界条件等相关的不确定性，采用合理有效的理论与方法度量、传播和控制这些不确定性对于提高产品或结构的安全性能具有极其重要的意义。不确定性可分为随机不确定性和认知不确定性两大类，随机不确定性建模通常需要大量的样本信息以构造不确定性参数的精确概率分布，且不能随着认识水平的增加而消除；而认知不确定性则往往是由于样本信息匮乏无法构建精确的概率分布，且会随着认识水平的增加而逐渐消除。现代产品和结构的设计、制造、服役及老化等全生命周期普遍存在认知不确定性，仅仅采用传统的随机建模、分析与设计将无法对认知不确定性下结构的性能做出客观有效的评估，甚至可能导致不可靠的设计。目前，以概率论这一个统一完善的理论体系为支撑，随机不确定性结构响应与可靠性分析在理论方法与工程应用方面均发展得较为成熟。相对而言，认知不确定性的建模与分析手段则存在多种理论体系并存的状况，这就使得认知不确定性的建模与分析在一定程度上较随机不确定性的处理方法更为复杂。尽管认知不确定性结构响应与可靠性分析得到了较为迅速的发展，但是整体而言该领域的研究依然处于初步阶段，还有诸多关键问题亟待解决。

1.3.2 结构的失效模式

实际大型结构体系通常都是多次静不定结构，结构的冗余度较高，存在着多种可能的失效模式。如何有效地识别其中的主要失效模式已成为结构可靠性分析中的核心问题。从理论上讲，若要计算体系的综合失效概率一般需要搜索所有可能的失效模式，因此会导致工作量的增大。实际上，各个失效模式的发生概率存在数量级的差异，并且各个失效模式之间存在相关性，因此可只对发生概率较大的失效模式进行计算，从而使计算效率得到大幅度的提高。近些年来，世界各国相继开展了这方面的研究，并且提出了一系列识别结构主要失效模式的算法。例如，网络搜索法、荷载增量法、分支-约界法、β约界法、截止枚举法、优化准则法

及许多其他改进算法。这些算法都需要进行多次变结构(将失效元件的抗力作为外荷载)重分析,并且不断地通过判别结构刚度矩阵 $\boldsymbol{K}$ 的行列式 $\|\boldsymbol{K}\|=0$ 来识别结构的主要失效模式,这些因素限制了上述算法在大、中型结构可靠性分析中的应用。因此,如何快速、准确地识别结构体系的主要失效模式,是研究体系可靠度的重点和难点问题。

1.3.3 计算方法的确定

在实际工程中,占主流的一次二阶矩法应用相当广泛,已成为国际上结构可靠度分析和计算的基本方法。其计算精度不仅依赖于随机设计变量的分布类型,更主要的是依赖于失效面的具体形状。

为了提高结构可靠度的计算精度,在一次二阶矩法的基础上人们尝试了可靠度的高次高阶矩法,分别提出了计算可靠度的二次二阶矩法与二次四阶矩法,其原理与一次二阶矩法相同,计算可靠指标时都是以求得极限状态方程的偏导、获得其 Taylor 级数为基础,计算精度较高,但较难处理一些复杂、不易求导的功能函数。

对于复杂结构而言,常难以写出功能函数的显式,而直接的数值模拟工作量太大;为此,一些学者提出用响应面法确定结构功能函数。响应面法通常用二次多项式代替大型复杂结构极限状态函数,并且通过系数的迭代调整,一般都能满足实际工程精度,具有较高的效率,很有实用价值;当随机变量个数较多时,试验次数多。

蒙特卡洛法是最直观、精确、获取信息最多、对高次非线性问题最有效的结构可靠度统计计算方法。蒙特卡洛法回避了结构可靠度分析中的数学困难,无须考虑功能函数的非线性和极限状态曲面的复杂性,直观、精确、通用性强;缺点是计算量大、效率低。但随着抽样技术的改进和计算机硬件水平的提高,该方法的应用将越来越广泛。

在实际计算过程中,如何在众多计算方法中选择高效快速、精度高的计算方法,是所有工作者都需要认真考虑的问题。

1.3.4 结构动力可靠度方面的研究

结构的动力可靠度(抗震、抗风可靠度为主)通过把结构动力学和概率论知识结合起来,研究结构在动力随机荷载作用下,完成预定功能的概率。只有动力可靠度保持在一定水平,才能满足结构设计要求的各项功能。因此,动力可靠度分析方法的研究显得十分重要。现有的分析方法主要有:① 基于过程跨越理论分析方法;② 基于扩散过程理论的分析方法;③ 随机模拟法。目前,其研究仍停留在基础理论阶段,尚属于工程结构领域内难度颇大而内容新颖的前沿性课题之一。

1.3.5 结构的非线性研究

现有的对结构的可靠性分析,大多数都是对线性结构进行的,经过国内外研究人员几十年的探索和努力,对于线性系统的大部分问题目前已经基本解决,世界各国的研究重点迅速由线性问题向非线性问题转变。

非线性结构系统可靠性分析与评定包括了两个由浅入深的层次:目前国际上研究的热

点还处于第一个层次，即系统输入与响应之间的关系是非线性的，但是暂时不考虑系统的失效演化历程。也就是说系统的特性虽然是随机的，但在整个分析过程中假定其拓扑结构和有关品质不发生演化。在土木工程领域，如果不考虑损伤累积、节点约束失效、构件破坏及材料品质劣化等问题，则大型桥梁和高层建筑在风载作用下的随机响应即属此类问题。通常情况下，随机有限元法、快速概率积分法和 Monte-Carlo 模拟法比较适合于处理此类问题。第二个层次的问题解决的难度非常大，目前国际上研究得很少。其特点是系统输入和系统响应之间的关系是非线性的，并同时考虑系统的失效演化历程。也就是说系统的特性不仅是随机的，而且在整个分析过程中其拓扑结构和有关品质将发生演化。在土木工程领域，如果考虑损伤累积、节点约束失效、构件破坏及材料品质劣化等问题，则大型桥梁、高层建筑和海上石油勘探平台在风载和地震荷载等作用下的安全性分析与评定属于此类问题。

在线弹性力学分析中，首先假定位移与应变关系是线性的，并且应变是一个小量，由此得到的几何方程是线性的。但是如果考虑了位移与应变的非线性关系或者采用了大应变理论(有限变形理论)，那么就属于几何非线性问题，也就是说非线性问题包括了大位移、小应变以及大位移、大应变等问题，此时均导致几何运动方程成为非线性。但材料的本构关系还是符合胡克定律。

几何非线性问题至今尚未完全成熟，仍然是一门正在迅速发展与完善的课题。这主要表现在建立非线性的有关基本方程方面存在不同学派的争论，它们各有优缺点，并未得到一个权威性的结论。由于大变形引起荷载的变动(非保守系统)对方程与解的影响问题研究很少，也无明确、相对肯定的结论，大多数的问题局限在保守系统内；在大应变下，应变不可叠加性的讨论与研究也不成熟；几何非线性解法发展尚处在活跃阶段，尚未找到一种十分满意的适应性广、收敛快的解法。

另外，一般工程结构用的金属材料在一定的条件下，其应变和应力近似地服从线性弹性关系。而当材料达到一定的应力状态后，即出现塑性流动，使其应变和应力呈非线性关系。这种非线性关系称为材料非线性。材料非线性问题可以分为非弹性问题和弹塑性问题两大类，前者在卸载后无残余应变存在，而后者会存在残余变形。但两者的本质是相同的，求解方法也完全相同。

1.3.6 结构参数可靠性优化

在进行结构设计时，设计人员着重考虑的问题是确定结构参数的取值范围。如果在设计寿命期$(0,T)$内，结构所有参数的取值都在某一限定范围之内，则认为结构可靠，否则认为结构失效。若以$\overline{V}(t)=\{v_1(t),v_2(t),\cdots,v_n(t)\}$表示由结构的 n 个设计参数构成的参数矢量空间，则结构可靠度可表述为结构参数矢量$\overline{V}(t)$在设计寿命期内，在允许域Ω内的概率，亦即

$$P_r(t)=P[\overline{V}(t)\in\Omega],\quad t\in(0,T) \tag{1-1}$$

这里，结构参数矢量的各分量$v_i(t)$，$i=1,2,\cdots,n$，诸如材料性质、外荷载、位移、加速度及其他一些工作参数，均为随机过程。

原则上，对于确定的域 Ω，能够求解式(1-1)；但是在设计阶段，必须允许结构的各参数在一定的范围内变动，即矢量 $\overline{V}(t)$ 的各分量应有一定的自由容差。这样，就可以确定所限制的参数域 Ω，求出域的边界，使该域满足

$$P[\overline{V}(t) \in \Omega] \geqslant P_r, \quad t \in (0,T) \tag{1-2}$$

这里，P_r 是设计要求结构应满足的可靠度。一般情况下，不能仅利用式(1-2)求出域 Ω 的唯一界限。

为了简单起见，首先考虑各参数不随时间变化的静态情况。设给定参数矢量 $\overline{x}=(x_1, x_2, \cdots, x_n)$，具有联合密度函数 $f_{\overline{x}}=(x_1, x_2, \cdots, x_n)$。为使问题进一步简化，进行下面的变换

$$y_i = \frac{x_i - \mu_i}{\sigma_i} \qquad (i=1,2,\cdots,n)$$

这里，μ_i 和 σ_i 分别为参数 x_i 的均值和标准偏差。这时，随机参数的联合概率密度函数变为

$$\varphi(\overline{y}) = \varphi(y_1, y_2, \cdots, y_n)$$

从而可知，参数矢量 $\overline{y}$ 处于域 Ω 内的概率为

$$P_r = P(\overline{y} \in \Omega) = \int_\Omega \varphi(\overline{y}) \prod_{i=1}^{n} \mathrm{d}y_i \tag{1-3}$$

根据设计要求，应有如下不等式存在：

$$P(\overline{y} \in \Omega) \geqslant P_r \tag{1-4}$$

1.3.7 时变可靠度

传统的可靠度理论都假设：应力和强度均不随时间变化，且在结构有效使用期内的某一固定时刻，应力和强度均为随机变量。然而，在实际工程中，有些变量不仅具有随机性，而且其随机性与时间有关，如作用在结构上的可变荷载，结构本身的抗力等。这就意味着结构的受力状态时刻在变化，而只有当结构在设计基准期内的每一时刻都处于安全状态时，结构才是安全的。当今，随着社会经济的发展，各类大型基础设施、高层建筑以及重要的水工建筑越来越多；同时，各种自然灾害给人类造成的损失也变得更加严重，即便是在正常条件下，结构也会因为抗力的衰减而出现某方面功能的失效。因此，人们对结构在使用期内的功能可靠性提出了更高要求，以传统的可靠度理论为基础的结构设计理念已不能满足土木工程领域发展的需要，于是在已有的可靠度理论基础上，人们提出了考虑时间因素、以随机过程理论为基础的时变可靠度理论，该理论更切合结构的实际情况，是基于功能可靠度结构设计理论的一个重大突破。

近年来，国内外对时变可靠度的研究日益增多，并且提出了一些计算方法。现有的结构时变可靠度方法一般将结构抗力和荷载看作两个随机过程处理，大致可以将其划分为两类，一类是将时变可靠度问题转化为时不变可靠度问题进行求解，这类方法包括时间综合法、时间离散法和时间离散综合法；另一类是首次超越概率法，该方法的依据是首次超越破坏准则，假定结构在其时变响应值首次超越临界值时，结构就会发生失效。

1.3.8　施工可靠度

借鉴结构可靠度的概念——“结构在规定的时间内，在规定的条件下，完成预定功能的概率”——如果定义“规定的时间”为“结构施工养护完毕时刻”，“规定的条件”定义为“设计荷载作用”，“预定的功能”定义为“设计目标承载能力”，则可定义施工可靠度为“施工完毕状态下，结构达到设计目标承载能力的概率”。结构可靠度关注的是结构的抗力与荷载效应之间的关系，而结构施工可靠度关注的是施工出来的结构状态与设计要求之间的关系。因而，结构施工可靠度可以反映结构的施工质量，即可以用结构施工可靠度评判结构的施工质量。

结构构件设计状态下，各个参数取设计值，而由于施工过程的偶然性如环境、人为因素等，实际施工出来的产品参数必然也是随机变量。实测参数相对参数设计值存在的偏差可正可负，导致实际结构抗力 RT 与结构抗力 R 之间的关系存在以下三种情况：① 施工达不到设计要求，$RT < R$；② 施工正好达到设计要求，$RT = R$；③ 施工满足设计要求，$RT > R$。因此在考察施工可靠度时，只要将实测参数值代入极限状态抗力公式得到实测结构抗力值 RT，同时将各参数设计值代入极限状态抗力公式得到结构的设计抗力值 R，就可以判断施工失效与否。这里施工失效并不意味着结构失效，只是说明施工未达到设计要求，故可以用施工可靠度来衡量施工质量。如果能够得到足够多的实测参数值作为样本，则可以通过统计，得到施工的失效概率，来对施工质量做出评判，这就是施工可靠度评判施工质量的思想。

1.3.9　塑性应变疲劳可靠性分析

考虑一般的疲劳问题，当周期性谐波荷载施加到构件上，在保持温度不变的高温条件下，在缺口处会出现周期性塑性应变。由于低周期的周期性应力对结构材料产生的周期性拉伸和压缩，使材料产生非弹性变形，所以在缺口处某点的应力-应变关系曲线是一滞后回线。

这种类型的疲劳问题，可以用应力幅分离法加以描述。应力幅分离法是以在周期加载过程中，材料会出现非弹性蠕变和塑性应变这一事实为基础的。对于图 1-1 所示的滞后回线，以 $\Delta\varepsilon_{in}$ 表示非弹性应变幅，$\Delta\varepsilon_e$ 表示弹性应变幅，$\Delta\varepsilon$ 表示总应变幅。在任何滞后回线中，恰有两个方向的变形与两种类型的非弹性应变相组合，这里的两个方向是指与正的非弹性应变有关的拉伸方向和与负的非弹性应变有关的压缩方向；两种类型的非弹性应变是指与时间有关的蠕变和与时间无关的塑性应变。一部分仅仅是瞬态的蠕变被认为是塑性应变，只有稳态部分的蠕变才被认为是蠕变。把两个方向与两种类型的应变相组合，得到了四种可能类型的应变幅。这些类型的应变幅可用来作为任何可能的滞后回线的基本构成单元，即任何滞后回线都可认为是这四种类型或其中的某几种类型的组合；或者说，任何滞后回线都能分离成这四种类型或其中的三类或两类。在这四种可能类型的应变幅中，为了使滞后回线闭合，拉伸部分应变均被压缩部分应变所平衡。

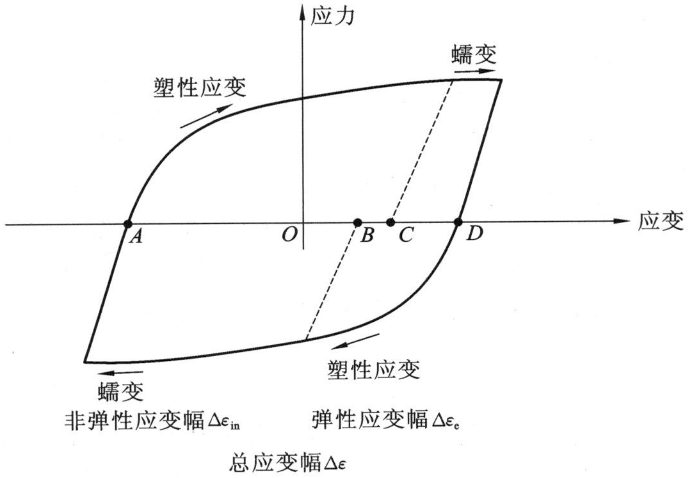

图 1-1　滞后回线

现将各类应变幅叙述如下：

（1）PP 应变幅，以 $\Delta\varepsilon_{PP}$ 表示。拉伸塑性应变被压缩塑性应变所抵消。

（2）PC 应变幅，以 $\Delta\varepsilon_{PC}$ 表示。拉伸塑性应变被压缩蠕变所抵消。

（3）CP 应变幅，以 $\Delta\varepsilon_{CP}$ 表示。拉伸蠕变被压缩塑性应变所抵消。

（4）CC 应变幅，以 $\Delta\varepsilon_{CC}$ 表示。拉伸蠕变被压缩蠕变所抵消。

通过以上分类，能将高温、短周期的复杂非弹性应变幅问题，分离为几种较简单应变幅问题加以研究，从而使问题简化。

1.3.10　断裂可靠性分析

工程结构元件中不可避免地存在各种裂纹，这些裂纹可能是材料本身的，或者是在加工、使用过程中材料内部的夹杂物、空位和位错在外力作用下演变而成的。过载、荷载交变、温度降低、焊接中氢的渗入、工作介质的腐蚀等因素往往促成裂纹的产生和扩展。而裂纹的扩展，最终导致结构的破坏。裂纹扩展与否，或以多大速度扩展，同裂纹附近的应力场直接相关。

结构中裂纹是否扩展可用应力强度因子 K 描述。应力强度因子 K 形式和数值取决于裂纹的几何因素。诸如裂纹尺寸、裂纹形状、裂纹分布位置及离边界的距离等，也取决于边界上的外力。当 K 达到临界值时，用 K_c 表示。所谓临界状态，是指裂纹由缓慢扩展达到失稳扩展的转折点，失稳扩展为荷载突然下降的裂纹快速扩展。裂纹失稳扩展时，其扩展传播速度具有声速的数量级，断裂即发生。所以 K_c 是表示材料阻止裂纹传播的能力，是材料抵抗脆性破坏能力的一个韧性指标。通常称为断裂韧性，又称临界应力强度因子，它是完全由材料性质决定的一个材料参数。

本章参考文献

[1] 李桂青. 结构可靠度[M]. 武汉：武汉工业大学出版社，1989：1-5.

[2] 王光远. 抗震结构的最优设防烈度与可靠度[M]. 北京：科学出版社，1999.

[3] 赵国藩，曹居易，张宽权. 工程结构可靠度[M]. 北京：水利电力出版社，1984：1-2.
[4] 李桂青，曹宏. 动力可靠性述评[J]. 地震工程与工程振动，1983(3)：44-63.
[5] 吴世伟. 结构可靠性分析与设计[M]. 北京：人民交通出版社，1990.
[6] FREUDENTHAL A M. The safety of structures[J]. ASCE，1947，112.
[7] CORNELL C A. A normative second-moment reliability theory or structural design [M]. Waterloo：Solid Mechanics Division，University of Waterloo，1969.
[8] LIND N. The Design of Structural Design Norms[J]. Journal of Structural Mechanics，1972，1(3)：357-370.
[9] ANG A H S，TANG W H. Probability concepts in engineering planning and design[M]. New York：Wiley，1975.
[10] ANG A H S，ABDELNOUR J，CHAKER A A. Analysis of activity networks under uncertainty[J]. Journal of the Engineering Mechanics Division，1975，101(4)：373-387.
[11] ANG A H S，CORNELL C A. Reliability bases of structural safety and design[J]. Journal of the Structural Division，1974，100(9)：1755-1769.
[12] LIU P L，KIUREGHIAN A D. Multivariate distribution models with prescribed marginals and covariances[J]. Probabilistic Engineering Mechanics，1986，1(2)：105-112.
[13] KIUREGHIAN A D，KE J B. The stochastic finite element method in structural reliability[J]. Probabilistic Engineering Mechanics，1988，3(2)：83-91.
[14] DEODATIS G. Non-stationary stochastic vector processes：seismic ground motion applications[J]. Probabilistic Engineering Mechanics，1996，11(3)：149-167.
[15] SOIZE C. A nonparametric model of random uncertainties for reduced matrix models in structural dynamics[J]. Probabilistic Engineering Mechanics，2000，15(3)：277-294.
[16] NAESS A，MOE V. Efficient path integration methods for nonlinear dynamic systems[J]. Probabilistic Engineering Mechanics，2000，15(2)：221-231.
[17] AU S K，BECK J L. Estimation of small failure probabilities in high dimensions by subset simulation[J]. Probabilistic Engineering Mechanics，2001，16(4)：263-277.
[18] SOLARI G，PICCARDO G. Probabilistic 3-D turbulence modeling for gust buffeting of structures[J]. Probabilistic Engineering Mechanics，2001，16(1)：73-86.
[19] PAPADIMITRIOU C，BECK J L，KATAFYGIOTIS L S. Updating robust reliability using structural test data[J]. Probabilistic Engineering Mechanics，2001，16(2)：103-113.
[20] PUIG B，POIRION F，SOIZE C. Non-Gaussian simulation using Hermite polynomial expansion：convergences and algorithms[J]. Probabilistic Engineering Mechanics，2002，17(3)：253-264.
[21] PROPPE C，PRADLWARTER H J，SCHUËLLER G I. Equivalent linearization and Monte Carlo simulation in stochastic dynamics[J]. Probabilistic Engineering Mechanics，2003，18(1)：1-15.
[22] POULAKIS Z，VALOUGEORGIS D，PAPADIMITRIOU C. Leakage detection in water pipe networks using a Bayesian probabilistic framework[J]. Probabilistic Engineering Mechanics，2003，18(4)：315-327.
[23] KOUTSOURELAKIS P S，PRADLWARTER H J，SCHUËLLER G I. Reliability of structures in high dimensions，part I：algorithms and applications[J]. Probabilistic Engineering Mechanics，2004，19(4)：409-417.
[24] NOORTWIJK J V，FRANGOPOL D M. Two probabilistic life-cycle maintenance models for deteriorating civil infrastructures[J]. Probabilistic Engineering Mechanics，2004，19(4)：345-359.
[25] RAHMAN S，XU H. A univariate dimension-reduction method for multi-dimensional integration in

stochastic mechanics[J]. Probabilistic Engineering Mechanics,2004,19(4):393-408.

[26] JR R V F,GRIGORIU M. On the accuracy of the polynomial chaos approximation[J]. Probabilistic Engineering Mechanics,2004,19(1):65-80.

[27] SCHUËLLER G I,PRADLWARTER H J,KOUTSOURELAKIS P S. A critical appraisal of reliability estimation procedures for high dimensions[J]. Probabilistic Engineering Mechanics,2004,19(4):463-474.

[28] SUES R H,CESARE M A. System reliability and sensitivity factors via the MPPSS method[J]. Probabilistic Engineering Mechanics,2005,20(2):148-157.

[29] XU H,RAHMAN S. Decomposition methods for structural reliability analysis[J]. Probabilistic Engineering Mechanics,2005,20(3):239-250.

[30] ELHEWY A H,MESBAHI E,PU Y. Reliability Analysis of Structure Using Neural Network method[J]. Probabilistic Engineering Mechanics,2006,21(1):44-53.

[31] CADINI F,ZIO E,AVRAM D. Monte Carlo based filtering for fatigue crack growth estimation[J]. Probabilistic Engineering Mechanics,2009,24(3):367-373.

[32] KAYMAZ I,MCMAHON C A. A response surface method based on weighted regression for structural reliability analysis[J]. Probabilistic Engineering Mechanics,2010,20(1):11-17.

[33] KANG S C,KOH H M,CHOO J F. An efficient response surface method using moving least squares approximation for structural reliability analysis[J]. Probabilistic Engineering Mechanics,2010,25(4):365-371.

[34] CHAKRABORTY S,ROY B K. Reliability based optimum design of Tuned Mass Damper in seismic vibration control of structures with bounded uncertain parameters[J]. Probabilistic Engineering Mechanics,2011,26(2):215-221.

[35] SPANOS P D,KOUGIOUMTZOGLOU I A. Harmonic wavelets based statistical linearization for response evolutionary power spectrum determination[J]. Probabilistic Engineering Mechanics,2012,27(1):57-68.

[36] KOUGIOUMTZOGLOU I A,SPANOS P D. An analytical Wiener path integral technique for non-stationary response determination of nonlinear oscillators[J]. Probabilistic Engineering Mechanics,2012,28(4):125-131.

[37] YURCHENKO D,NAESS A,ALEVRAS P. Pendulum's rotational motion governed by a stochastic Mathieu equation[J]. Probabilistic Engineering Mechanics,2013,31:12-18.

[38] WU S Q,LAW S S. Dynamic analysis of bridge-vehicle system with uncertainties based on the finite element model[J]. Probabilistic Engineering Mechanics,2013,25(4):425-432.

[39] MARIAN L,GIARALIS A. Optimal design of a novel tuned mass-damper-inerter (TMDI) passive vibration control configuration for stochastically support-excited structural systems[J]. Probabilistic Engineering Mechanics,2014,38:156-164.

[40] GASPAR B,TEIXEIRA A P,SOARES C G. Assessment of the efficiency of Kriging surrogate models for structural reliability analysis[J]. Probabilistic Engineering Mechanics,2014,37(4):24-34.

[41] RACKWITZ R,FLESSLER B. An alforithm for calculation of structural reliability under combined loading[M]. Munchen:[s. n.],1977.

[42] RACKWITZ R,FLESSLER B. Structural reliability under combined random load sequences[J]. Computer&Structures,1978,9(5):489-494.

[43] 赵国藩. 建筑结构按照“计算的极限状态”的计算方法[J]. 大连工学院学刊,1954:5-44.

[44] 建筑结构安全性研究组. 建筑结构安全性理论的发展与应用[J]. 建筑结构学报,1980,1(1):46-60.

[45] 赵国藩.结构可靠度的实用分析方法[J].建筑结构学报,1984,5(3):1-10.
[46] 李桂青,曹宏.高耸结构在风荷载作用下的动力可靠性分析[J].土木工程学报,1987(1):59-66.
[47] 李云贵,赵国藩.结构可靠度的四阶矩分析法[J].大连理工大学学报,1992(4):455-459.
[48] 李云贵,赵国藩.结构体系可靠度的近似计算方法[J].土木工程学报,1993(5):70-76.
[49] 王光远,欧进萍.地震地面运动的模糊随机模型[J].地震学报,1988(3):86-94.
[50] 王光远,刘玉彬.结构模糊随机可靠度的实用计算方法[J].地震工程与工程振动,1995(3):38-46.
[51] 姚耀武,陈东伟.土坡稳定可靠度分析[J].岩土工程学报,1994,16(2):80-87.
[52] 欧进萍,段宇博.高层建筑结构的抗震可靠度分析与优化设计[J].地震工程与工程振动,1995(1):1-13.
[53] 王光远.抗震结构的最优设防烈度与可靠度[M].北京:科学出版社,1999.
[54] 肖焕雄,韩采燕.施工导流系统超标洪水风险率模型研究[J].水利学报,1993(11):76-83.
[55] 肖焕雄,唐晓阳.江河截流中混合粒径群体抛投石料稳定性研究[J].水利学报,1994(3):10-18.
[56] 金伟良.结构可靠度数值模拟的新方法[J].建筑结构学报,1996,17(3):63-72.
[57] 李杰.中小型电力变压器故障模式与可靠性运行[J].变压器,1997(4):9-12.
[58] 贡金鑫,赵国藩.考虑抗力随时间变化的结构可靠度分析[J].建筑结构学报,1998,19(5):43-51.
[59] 杜修力.水工建筑物抗震可靠度设计和分析用的随机地震输入模型[J].地震工程与工程振动,1998,18(4):76-81.
[60] 严春风,刘东燕,张建辉,等.岩土工程可靠度关于强度参数分布函数概型的敏感度分析[J].岩石力学与工程学报,1999,18(1):36-39.
[61] 李国强.基于概率可靠度进行结构抗震设计的若干理论问题[J].建筑结构学报,2000,21(1):12-16.
[62] 徐军,邵军,郑颖人.遗传算法在岩土工程可靠度分析中的应用[J].岩土工程学报,2000,22(5):586-589.
[63] 刘宁,吴海斌,方军.地下洞室围岩可靠度的敏感性计算[J].岩石力学与工程学报,2000,19(z1):946-951.
[64] 张建仁,刘扬.遗传算法和人工神经网络在斜拉桥可靠度分析中的应用[J].土木工程学报,2001,34(1):7-13.
[65] 欧进萍,侯钢领,吴斌.概率 Pushover 分析方法及其在结构体系抗震可靠度评估中的应用[J].建筑结构学报,2001,22(6):81-86.
[66] 傅旭东,刘祖德.土坝应力和变形的非线性摄动随机有限元分析[J].武汉大学学报:工学版,2001,34(5):73-79.
[67] 徐军,郑颖人.响应面重构的若干方法研究及其在可靠度分析中的应用[J].计算力学学报,2002,19(2):217-221.
[68] 徐军,郑颖人.隧道围岩弹塑性随机有限元分析及可靠度计算[J].岩土力学,2003,24(1):70-74.
[69] 陈建兵,李杰.随机结构动力可靠度分析的极值概率密度方法[J].地震工程与工程振动,2004,24(6):39-44.
[70] 张建仁,秦权.现有混凝土桥梁的时变可靠度分析[J].工程力学,2005,22(4):90-95.
[71] 熊铁华,常晓林.响应面法在结构体系可靠度分析中的应用[J].工程力学,2006,23(4):58-61.
[72] 吕大刚,李晓鹏,王光远.基于可靠度和性能的结构整体地震易损性分析[J].自然灾害学报,2006,15(2):107-114.
[73] 苏永华,赵明华,蒋德松,等.响应面方法在边坡稳定可靠度分析中的应用[J].岩石力学与工程学报,2006,25(7):1417-1424.
[74] 周伟,常晓林,徐建强.基于分项系数法的重力坝深层抗滑稳定分析[J].岩土力学,2007,

28(2):315-320.

[75] 熊铁华，梁枢果，邹良浩. 风荷载下输电铁塔的失效模式及其极限荷载[J]. 工程力学，2009，26(12):100-104.

[76] 熊铁华，侯建国，安旭文，等. 覆冰荷载下输电铁塔体系可靠度研究[J]. 土木工程学报，2010(10):8-13.

[77] 李典庆，周创兵，陈益峰，等. 边坡可靠度分析的随机响应面法及程序实现[J]. 岩石力学与工程学报，2010，29(8):1513-1523.

[78] 郑俊杰，徐志军，刘勇，等. 基于最大熵原理的基桩竖向承载力的可靠度分析[J]. 岩土工程学报，2010，32(11):1643-1647.

[79] 吕大刚，贾明明，李刚. 结构可靠度分析的均匀设计响应面法[J]. 工程力学，2011，28(7):109-116.

[80] 贾超，刘家涛，张强勇，等. 盐岩储气库运营期时变可靠度计算及风险分析[J]. 岩土力学，2011，32(5):1479-1484.

[81] 陈祖煜，徐佳成，陈立宏，等. 重力坝抗滑稳定可靠度分析：(二)强度指标和分项系数的合理取值研究[J]. 水力发电学报，2012，31(3):160-167.

[82] 李典庆，蒋水华，周创兵. 基于非侵入式随机有限元法的地下洞室可靠度分析[J]. 岩土工程学报，2012，34(1):123-129.

[83] 左育龙，朱合华，李晓军. 岩土工程可靠度分析的神经网络四阶矩法[J]. 岩土力学，2013，34(2):513-518.

[84] 李典庆，蒋水华，周创兵，等. 考虑参数空间变异性的边坡可靠度分析非侵入式随机有限元法[J]. 岩土工程学报，2013，35(8):1413-1422.

[85] 杨晓艳，贡金鑫，冯云芬. 不同跨径桥梁车辆荷载分项系数及可靠度[J]. 中国公路学报，2015，28(6):59-66.

[86] 邱志平，顾元宪. 有界不确定参数结构位移范围的区间摄动法[J]. 应用力学学报，1999(1):1-9.

[87] 滕智明，朱金铨. 混凝土结构及砌体结构[M]. 北京：中国建筑工业出版社，2003.

2　结构可靠性分析的数学基础

2.1　概率论的基本概念

2.1.1　随机试验与样本空间

科学研究过程中，存在着众多的不确定因素和信息，经常需要做大量的试验。一般情况下，设 E 为一试验，当试验具有以下特征，则称 E 为随机试验，简称试验。有如下特征：① 试验的可能结果不止一个，并且能事先明确试验的所有可能结果；② 进行试验之前不能确定哪一个结果会出现；③ 可以在相同条件下重复进行。对于任何一个随机试验 E，试验的所有可能结果组成的集合是已知的，将此集合称为 E 的样本空间，记为 Ω。Ω 中的元素，即 E 的每个结果，称为样本点。样本点一般用 ω 表示，因此可记 $\Omega = \{\omega\}$。若样本空间有无限多个连续样本点，则样本空间就叫作连续样本空间；若样本空间中样本点是离散的和可数的，则样本空间就叫作离散样本空间。有有限多个样本点的样本空间叫作有限样本空间，有无限多个样本点的样本空间叫作无限样本空间。

随机试验的每一个结果称为随机事件，简称事件。由一个样本点组成的单点集称为基本事件，由基本事件复合而成的事件称为复合事件。在随机试验 E 中，必然出现的结果称为必然事件，不可能出现的结果称为不可能事件。

2.1.2　概率的定义和性质

除必然事件和不可能事件外，其余事件在一次试验中是否会发生，发生的可能性多大才是关注的重点。

设 E 为一随机事件，Ω 是它的样本空间，设 F 是由样本空间 Ω 的一些子集构成的集合族，如果满足下列条件：

① $\Omega \in F$；

② 若 $A \in F$，则对立事件 $\overline{A} \in F$；

③ 若 $A_i \in F(i = 1,2,\cdots,n)$，则 $\bigcup\limits_{i=1}^{n} A_i \in F$。

则称 F 为事件域。

定义　在事件域上的一个实值函数 P，若它满足下列三个条件：

① 对每一个 $A \in F$，有 $0 \leqslant P(A) \leqslant 1$；

② 对必然事件 Ω，有 $P(\Omega) = 1$，对不可能事件 Φ，有 $P(\Phi) = 0$；

③ 若 $A_i \in F,(i = 1,2,\cdots,n)$，且两两互不相容，则 $P\left(\bigcup\limits_{i=1}^{n} A_i\right) = \sum\limits_{i=1}^{n} P(A_i)$。则实值函数 P 为(Ω,F) 上的概率，$P(A)$ 称为事件 A 的概率。

由概率的定义，不难推出概率的一些性质：

性质 1：设 $\overline{A}$ 是 A 的对立事件，则

$$P(\overline{A}) = 1 - P(A) \tag{2-1}$$

性质 2：设 A、B 为两事件，若 $A \subset B$，则

$$P(A) \leqslant P(B) \tag{2-2}$$

性质 3：设 A、B 为两事件，则

$$P(A \cup B) = P(A) + P(B) - P(AB) \tag{2-3}$$

推广：对 n 个任意事件 $A_1, A_2, \cdots, A_n$，则有

$$P(A_1 \cup A_2 \cup \cdots \cup A_n) = \sum_{i=1}^{n} P(A_i) - \sum_{\substack{i,j \\ 1 \leqslant i < j \leqslant n}} P(A_i A_j) + \sum_{\substack{i,j,k \\ 1 \leqslant i < j < k \leqslant n}} P(A_i A_j A_k) + \cdots + (-1)^{n-1} P(A_1 A_2 \cdots A_n) \tag{2-4}$$

性质 4（连续性定理）：设 $A_n \in F, A_n \supset A_{n+1}, n = 1, 2, \cdots$，令 $A = \bigcap\limits_{n=1}^{\infty} A_n$，则

$$P(A) = \lim_{n \to \infty} P(A_n) \tag{2-5}$$

若 $A_n \subset A_{n+1}, n = 1, 2, \cdots$，令 $A = \bigcup\limits_{n=1}^{\infty} A_n$，则

$$P(A) = \lim_{n \to \infty} P(A_n) \tag{2-6}$$

2.1.3 条件概率

一般地，对 A、B 两个事件，$P(A) > 0$，在事件 A 发生的条件下事件 B 发生的概率称为条件概率，记为 $P(B|A)$。在一般情况下，$P(B)$ 与 $P(B|A)$ 是不相同的。

利用条件概率的定义，可直接得到概率乘法定理：

设 A、B 为随机事件 E 的两个事件，且 $P(A) > 0$，则

$$P(B|A) = P(AB) | P(A) \tag{2-7}$$

式中 $P(AB)$—— 事件 A 和事件 B 同时发生的概率，即 $P(AB) = P(A \cap B)$。

若

$$P(B|A) = P(B) \quad 或 \quad P(A|B) = P(A) \tag{2-8}$$

则称 A、B 互相独立。由式(2-7) 和式(2-8) 可知，若 A、B 相互独立，则

$$P(AB) = P(A) \cdot P(B) \tag{2-9}$$

由式(2-7) 可知，当 $P(A) \neq 0$ 时，得

$$P(AB) = P(A) \cdot P(B|A) \tag{2-10}$$

推广到一般情况下，得到关于条件概率的三个重要概率公式。

(1) 乘法公式

若 $A_1, A_2, \cdots, A_n$ 是 $n(n \geqslant 2)$ 个事件，且 $P(A_1 A_2 \cdots A_{n-1}) > 0$，则

$$P(A_1 A_2 \cdots A_n) = P(A_1) P(A_2 | A_1) P(A_3 | A_1 A_2) \cdot \cdots \cdot P(A_n | A_1 A_2 \cdots A_{n-1}) \tag{2-11}$$

若 $A_1, A_2, \cdots, A_n$ 相互独立，则

$$P(A_1A_2\cdots A_n)=P(A_1)P(A_2)\cdots P(A_n) \tag{2-12}$$

(2) 全概率公式

设试验 E 的样本空间为 Ω，A 为 E 的事件，$B_1,B_2,\cdots,B_n$ 是 Ω 的一个划分，且 $P(B_i)>0(i=1,2,\cdots,n)$。则

$$P(A)=P(A\mid B_1)P(B_1)+\cdots+P(A\mid B_n)P(B_n)=\sum_{i=1}^{n}P(A\mid B_i)P(B_i) \tag{2-13}$$

(3) 逆概率公式

设 $B_1,B_2,\cdots,B_n$ 为有穷或可列多个互不相容事件，$P\left(\bigcup_n B_n\right)=1$，$P(B_n)>0$，$n=1,2,\cdots$，对任一事件 A，$P(A)>0$，则有

$$P(B_m\mid A)=\frac{P(A\mid B_m)\cdot P(B_m)}{\sum_n P(A\mid B_n)P(B_n)} \tag{2-14}$$

2.2　随机变量

2.2.1　随机变量的定义

设 E 为一随机试验，Ω 为它的样本空间，对于每一个 $\omega\in\Omega$，在 Ω 上的一个实单值函数 $X(\omega)$ 与之对应。若对于任一实数 x，$\{\omega:X(\omega)<x\}$ 是事件域上的随机事件，即 $\{\omega:X(\omega)<x\}$ 属于事件域，则 $X(\omega)$ 为随机变量。其中，$\{\omega:X(\omega)<x\}$ 表示满足 $X(\omega)<x$ 的 ω 的全体。

从随机变量的定义可以看出，随机变量总是联系着一个概率空间，为书写方便，常将概率空间的记号省略不写，并且将随机变量 $X(\omega)$ 写成 X，把 $\{\omega:X(\omega)<x\}$ 记作 $\{X<x\}$ 等。

随机变量是建立在随机事件基础上的一个概念，既然随机事件发生的可能性对应于一定的概率，那么随机变量也因一定的概率取各种可能值。因此，按照随机变量可能取值的情况，可以把它们分为两类：离散型随机变量和非离散型随机变量，而非离散型随机变量中最重要的是连续型随机变量。

2.2.1.1　随机变量的分布函数

定义　设 X 为一随机变量，对任意实数 x，令 $F(x)=P\{X\leqslant x\}$，称 $F(x)$ 为 X 的分布函数，分布函数具有如下性质：

① $0\leqslant F(x)\leqslant 1$，$-\infty<x<+\infty$；

② $F(x)$ 是 x 的不减函数；

③ $F(-\infty)=\lim\limits_{x\to-\infty}F(x)=0$，$F(+\infty)=\lim\limits_{x\to+\infty}F(x)=1$；

④ $F(x+0)=F(x)$，即 $F(x)$ 是右连续的。

一般地，设离散型随机变量 X 的分布律为

$$P\{X=x\}=p_k,\quad k=1,2,\cdots,n \tag{2-15}$$

由概率的可加性，得 X 的分布函数为 $F(x)=\sum\limits_{x_k\leqslant x}p_k$。

2.2.1.2　离散型随机变量

定义　如果随机变量的全部可能取值只有有限个或可列无限多个，则称这种随机变量为离散型随机变量。

一般地，设离散型随机变量 X 所有可能取的值为 $x_k(k=1,2,\cdots)$，X 取各个可能值的概率，即事件 $\{X=x_k\}$ 的概率为

$$P(X=x_k)=p_k,\quad k=1,2,\cdots \tag{2-16}$$

式(2-16)表示离散型随机变量 X 的分布律。

由概率的定义，式(2-16)中的 p_k 应满足以下条件：

① $p_k \geqslant 0, k=1,2,\cdots$；

② $\sum\limits_{k=1}^{\infty} p_k = 1$。

2.2.1.3　连续型随机变量及其概率密度

在结构可靠性分析中，涉及的许多随机变量不是离散型的而是连续型的，如结构材料的强度、截面尺寸、荷载等。连续型随机变量的概率分布类型是由它的概率密度函数 $f(x)$ 确定的。

定义　对于随机变量 X 的分布函数 $F(x)$，如果存在非负函数 $f(x)$，使对于任意实数 x，有

$$F(x)=\int_{-\infty}^{x} f(t)\mathrm{d}t \tag{2-17}$$

则 X 称为连续型随机变量，其中 $f(x)$ 称为 X 的概率密度函数。

由定义可知，概率密度函数 $f(x)$ 具有以下性质：

① $f(x) \geqslant 0$；

② $\int_{-\infty}^{+\infty} f(x)\mathrm{d}x = 1$；　(2-18)

③ 对于任意实数 x_1、x_2，$x_1 \leqslant x_2$，有

$$P\{x_1 \leqslant x \leqslant x_2\} = F(x_2) - F(x_1) = \int_{x_1}^{x_2} f(x)\mathrm{d}x \tag{2-19}$$

④ 若 $f(x)$ 在点 x 处连续，则有 $F'(x)=f(x)$。

2.2.2　随机变量的数字特征

随机变量的数字特征是指关于它的分布函数的某些值，这些值可以反映随机变量在某些方面的重要特性。在许多实际工程中，不需要知道分布函数，只要知道它的某些主要特性就足够了。因此，随机变量的数字特征具有理论和实际意义。

2.2.2.1　随机变量的数学期望与方差

引进一个特征数字，它能反映随机变量 X 所取数值的集中位置，就像力学系统中的重心反映该系统质量的集中位置一样，在概率论中，这样一个数字就是随机变量的数学期望与方差。

(1) 离散型随机变量的数学期望与方差

定义　设离散型随机变量 X 的分布律为 $P\{X=x_i\}=p_i, i=1,2,\cdots$，则随机变量 X 的

数学期望 $E(X)$ 可定义为

$$E(X) = \sum_{i=1}^{\infty} x_i \cdot p_i \tag{2-20}$$

设 $D(X)$ 为一离散型随机变量 X 的方差，则有：

$$D(X) = \sum_{i=1}^{\infty} [x_i - E(X)]^2 p_i \tag{2-21}$$

X 的方差又可记为 σ^2 或 $\mathrm{var}(X)$。

由 $D(X)$ 的定义可推出计算方差的另一个重要公式：

$$\begin{aligned} D(X) &= \sum_{i=1}^{\infty} [x_i - E(X)]^2 \cdot p_i \\ &= \sum_{i=1}^{\infty} \left\{ x_i^2 p_i - 2E(X) \cdot x_i p_i + [E(X)]^2 p_i \right\} \\ &= \sum_{i=1}^{\infty} x_i^2 p_i - 2E(X) \sum_{i=1}^{\infty} x_i p_i + [E(X)]^2 \sum_{i=1}^{\infty} p_i \\ &= E(X^2) - 2E(X) \cdot E(X) + [E(X)]^2 \\ &= E(X^2) - [E(X)]^2 \end{aligned}$$

(2) 连续型随机变量的数学期望与方差

定义 设 X 为具有概率密度函数 $f(x)$ 的连续型随机变量，若 $\int_{-\infty}^{+\infty} |x| f(x) \mathrm{d}x < \infty$，则称 $\int_{-\infty}^{+\infty} x f(x) \mathrm{d}x$ 为 X 的数学期望，记为 $E(X)$。

$$E(X) = \int_{-\infty}^{+\infty} x f(x) \mathrm{d}x \tag{2-22}$$

设若 $D(X)$ 为连续型随机变量 X 的方差，则有

$$D(X) = \int_{-\infty}^{+\infty} [x - E(X)]^2 f(x) \mathrm{d}x \tag{2-23}$$

同离散型随机变量一样，连续型随机变量的方差 $D(X)$ 也可由以下公式算出：

$$D(X) = E(X^2) - [E(X)]^2 \tag{2-24}$$

2.2.2.2 随机变量的标准差与变异系数

随机变量方差的平方根，称为标准差或均方差，记为 σ_X。

$$\sigma_X = \sqrt{D(X)} \tag{2-25}$$

随机变量的标准差与期望的比值，称为随机变量的变异系数，记为 V_X 或 δ_X，它是一个无量纲量。即

$$\delta_X = \sigma_X / \mu_X \tag{2-26}$$

其中

$$\mu_X = E(X)$$

2.2.2.3 标准化随机变量

在实际应用中，为了计算方便或简化，需要对随机变量进行标准化。当随机变量 X 的期

望与方差都存在时，标准化随机变量为

$$X^{*} = [X - E(X)] / \sqrt{D(X)} = (X - \mu_X)/\sigma_X \tag{2-27}$$

显然，有 $E(X^{*}) = 0$，$D(X^{*}) = 1$。

2.2.2.4　数学期望和方差的性质

若随机变量的数学期望与方差存在，则它们具有以下性质：

(1) C 为常数，X 为随机变量，则有

$$E(C) = C,\quad E(CX) = CE(X)$$

$$D(C) = 0,\quad D(CX) = C^{2}D(X)$$

② X_1、X_2 为随机变量，则有

$$E(X_1 \pm X_2) = E(X_1) \pm E(X_2)$$

$$D(X_1 \pm X_2) = D(X_1) + D(X_2) \pm 2E\{[X_1 - E(X_1)][X_2 - E(X_2)]\}$$

③ a、b 为常数，X 为随机变量，则有

$$E(aX + b) = aE(X) + b;\quad D(aX + b) = a^{2}D(X)$$

④ 若 X、Y 为相互独立的随机变量，则有

$$E(XY) = E(X) \cdot E(Y);\quad D(X + Y) = D(X) + D(Y)$$

2.2.2.5　随机变量的 k 阶矩、中心矩

设 X 为连续型随机变量，$f(x)$ 为它的概率密度函数，对于 X 的某个函数 $g(X)$，若其均值存在就会得到各种数字特征。

① $g(X) = X^{k}(k \geqslant 0)$，称 $E(X^{k})$ 为 X 的 k 阶矩，记为 m_k。

② $g(X) = |X|^{k}(k \geqslant 0)$，称 $E(|X|^{k})$ 为 X 的 k 阶绝对矩。

③ $g(X) = [X - E(X)]^{k}(k \geqslant 0)$，称 $E\{[X - E(X)]^{k}\}$ 为 X 的 k 阶中心矩，记为 C_k。

④ $g(X) = |X - E(X)|^{k}(k \geqslant 0)$，称 $E[|X - E(X)|^{k}]$ 为 X 的 k 阶绝对中心矩。

中心矩可以通过各阶矩来表示，对于正整数 k，有：

$$C_k = E\{[X - E(X)]^{k}\} = \sum_{i=0}^{k}\binom{k}{i}[-E(X)]^{k-i} \cdot E(X)^{i} = \sum_{i=0}^{k}\binom{k}{i}(-m_1)^{k-i} \cdot m_i \tag{2-28}$$

2.2.2.6　偏态系数

偏态系数是用来度量连续型随机变量概率密度函数曲线关于平均值偏离程度的指标，即是“正态”或是“偏态”。

可以证明，当概率密度函数曲线为对称曲线时，所有奇次阶的中心矩均等于零。若 $C_{2k+1} \neq 0(k = 1,2,\cdots)$，则说明概率密度函数曲线是不对称的。为方便起见，通常选用 C_3 表征随机变量分布的不对称性。因此，可以定义偏态系数：

$$C_s = C_3/\sigma^{3} = \frac{E[x - E(X)]^{3}}{[\sqrt{D(X)}]^{3}} \tag{2-29}$$

当 $C_s > 0$ 时，分布曲线为正偏态曲线；当 $C_s < 0$ 时，分布曲线称为负偏态曲线，如图 2-1 所示。

2.2.2.7　峰度系数

峰度系数是用来度量连续型随机变量概率密度函数曲线的“陡峭”或“胖瘦”程度的指标。由于四阶中心矩描述了概率密度函数曲线顶峰的突出程度，并考虑到正态分布的 $C_4/\sigma^4=3$，因此，定义峰度系数（简称峰度）为：

$$C_e=C_4/\sigma^4-3=E\left[x-E(X)\right]^4/\left[\sqrt{D(X)}\right]^4-3 \tag{2-30}$$

当 $C_e>0$ 时，曲线比较尖峭，称为高峰曲线；当 $C_e<0$ 时，曲线比较平坦，称为低峰曲线；当 $C_e=0$ 时，为正态曲线，如图 2-2 所示。

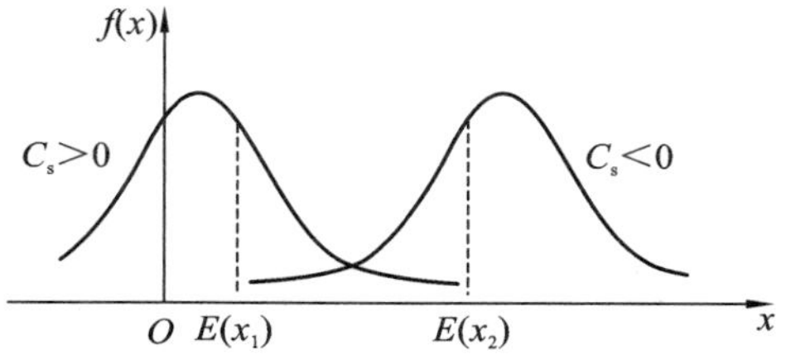

图 2-1　偏态曲线

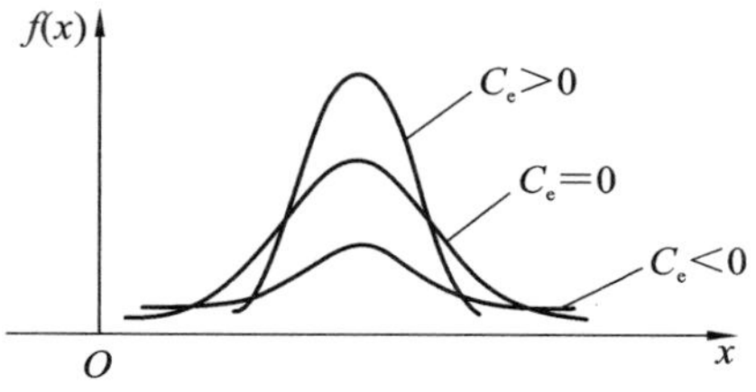

图 2-2　峰度系数对应概率密度函数曲线

2.2.3　结构可靠性分析常用的概率分布

2.2.3.1　二项分布

设试验 E 只有两个可能的结果：A 及 $\overline{A}$，则称 E 为伯努利试验。设 $P(A)=p(0<p<1)$，此时 $P(\overline{A})=1-p=q$。将 E 独立地重复进行 n 次，则称这一串的独立试验为 n 重伯努利试验。它的分布律是

$$P\{X=k\}=\binom{n}{k}p^kq^{n-k},k=0,1,2,\cdots,n \tag{2-31}$$

$$\sum_{k=0}^{n}P\{X=k\}=\sum_{k=0}^{n}\binom{n}{k}p^kq^{n-k}=(p+q)^n=1 \tag{2-32}$$

即 $P\{X=k\}$ 满足分布律的两个条件。注意到 $\binom{n}{k}p^kq^{n-k}$ 刚好是二项分布式 $(p+q)^n$ 的展开式中出现 p^k 的那一项，故称随机变量 X 服从参数为 n、p 的二项分布，记为 $X\sim b(n,p)$。其数学期望 $E(X)=np$，方差 $D(X)=npq$。

2.2.3.2　泊松分布

设随机变量 X 所有可能取的值为 $0,1,2,\cdots$，而取各个值的概率为

$$P\{X=k\}=\frac{\lambda^k\mathrm{e}^{-\lambda}}{k!},\quad k=0,1,2,\cdots \tag{2-33}$$

其中 $\lambda>0$ 是常数，则称 X 服从参数为 λ 的泊松分布，记为 $X\sim\pi(\lambda)$。

显然，$P\{X=k\}\geqslant 0,k=0,1,2,\cdots$，且有

$$\sum_{k=0}^{n}P\{X=k\}=\sum_{k=0}^{\infty}\frac{\lambda^k\mathrm{e}^{-\lambda}}{k!}=\mathrm{e}^{-\lambda}\sum_{k=0}^{\infty}\frac{\lambda^k}{k!}=\mathrm{e}^{\lambda}\cdot\mathrm{e}^{-\lambda}=1 \tag{2-34}$$

即 $P\{X=k\}$满足分布律的两个条件。

泊松分布的期望 $E(X)=\lambda$，方差 $D(X)=\lambda$。

2.2.3.3　均匀分布

设连续型随机变量 X 具有概率密度函数

$$f(x)=\begin{cases}\dfrac{1}{b-a}, & a\leqslant x\leqslant b\\ 0, & x<a \text{ 或 } x>b\end{cases} \tag{2-35}$$

则称 X 在区间 $[a,b]$ 上服从均匀分布，记为 $X\sim U(a,b)$。易知 $f(x)\geqslant 0$，且 $\int_{-\infty}^{+\infty}f(x)\mathrm{d}x=1$。

由式(2-35) 得 X 的概率分布函数为

$$F(x)=\int_{-\infty}^{x}f(t)\mathrm{d}t=\begin{cases}0, & x<a\\ \dfrac{x-a}{b-a}, & a\leqslant x<b\\ 1, & x\geqslant b\end{cases} \tag{2-36}$$

其期望 $E(X)=\dfrac{a+b}{2}$，方差 $D(X)=\dfrac{(b-a)^2}{12}$。

2.2.3.4　三角分布

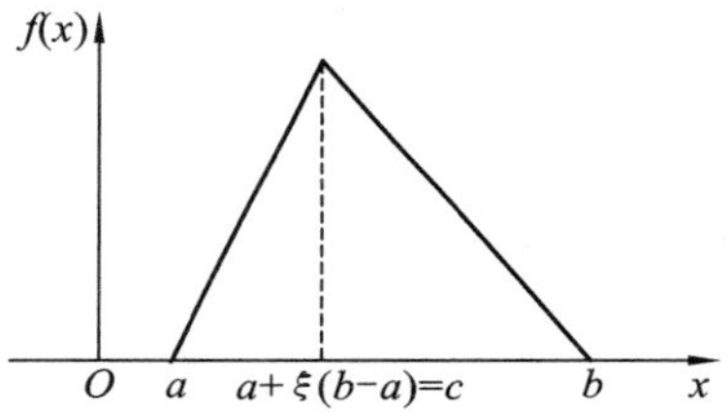

图 2-3　三角分布函数

在结构可靠性分析中，对某些因素的概率估计，常根据其取值可能性的大小，如最小值、最大值和最可能值，认为类似于图 2-3 所示的概率密度函数曲线，称为三角分布，其概率密度函数为

$$f(x)=\begin{cases}\dfrac{2(x-a)}{\xi(b-a)^2}, & x\in[a,c],\xi\in(0,1]\\ \dfrac{2(x-b)}{(\xi-1)(b-a)^2}, & x\in[c,b],\xi\in[0,1)\\ 0, & \text{其他}\end{cases} \tag{2-37}$$

相应的分布函数为

$$F(x)=\begin{cases}0, & x\in(-\infty,a)\\ \dfrac{(x-a)^2}{\xi(b-a)^2}, & x\in[a,c],\xi\in(0,1]\\ \dfrac{(x-b)^2}{(\xi-1)(b-a)^2}+1, & x\in[c,b],\xi\in[0,1)\\ 1, & x\in(b,+\infty)\end{cases} \tag{2-38}$$

其中，$c=a+\xi(b-a)$，$\xi\in[0,1]$，参见图 2-3。

2.2.3.5　正态分布

设连续型随机变量 X 的概率密度函数为

$$f(x)=\frac{1}{\sqrt{2\pi}\sigma}\mathrm{e}^{-\frac{(x-\mu)^2}{2\sigma^2}},\quad x\in(-\infty,+\infty) \tag{2-39}$$

其中，μ、$\sigma(\sigma>0)$ 为常数，则称 X 服从参数为 μ、σ 的正态分布，记为 $X\sim N(\mu,\sigma)$。其期望 $E(X)=\mu$，方差 $D(x)=\sigma^2$。分布函数为

$$F(x)=\frac{1}{\sqrt{2\pi}\sigma}\int_{-\infty}^{x}\mathrm{e}^{-\frac{(t-\mu)^2}{2\sigma^2}}\mathrm{d}t \tag{2-40}$$

$f(x)$ 和 $F(x)$ 的图形如图 2-4 所示。

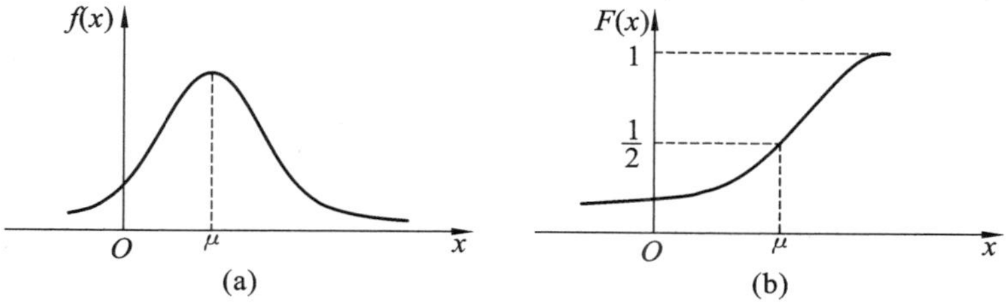

图 2-4　正态分布

(a) 概率密度函数 $f(x)$；(b) 概率分布函数 $F(x)$

特别地，当 $\mu=0$、$\sigma=1$ 时，称 X 服从标准正态分布，记为 $X\sim N(0,1)$，其概率密度和分布函数分别用 $\varphi(x)$、$\Phi(x)$ 表示，即

$$\varphi(x)=\frac{1}{\sqrt{2\pi}}\mathrm{e}^{-\frac{x^2}{2}} \tag{2-41}$$

$$\Phi(x)=\frac{1}{\sqrt{2\pi}}\int_{-\infty}^{x}\mathrm{e}^{-\frac{t^2}{2}}\mathrm{d}t \tag{2-42}$$

一般地，经过变量置换，可以将式(2-40) 化为式(2-42) 的标准形式。

若令 $\mu=\dfrac{t-\mu}{\sigma}$，代入式(2-40) 可得

$$F(x)=\frac{1}{\sqrt{2\pi}}\int_{-\infty}^{\frac{x-\mu}{\sigma}}\mathrm{e}^{-\frac{\mu^2}{2}}\mathrm{d}\mu=\Phi\left(\frac{x-\mu}{\sigma}\right) \tag{2-43}$$

于是

$$P\{x_1<X\leqslant x_2\}=\Phi\left(\frac{x_2-\mu}{\sigma}\right)-\Phi\left(\frac{x_1-\mu}{\sigma}\right) \tag{2-44}$$

2.2.3.6　对数正态分布

设随机变量 X 的概率密度函数为

$$f(x)=\begin{cases}\dfrac{1}{\sqrt{2\pi}\sigma x}\mathrm{e}^{-\frac{(\ln x-\mu)^2}{2\sigma^2}}, & x>0\\ 0, & x\leqslant 0\end{cases} \tag{2-45}$$

其中，μ、$\sigma>0$，为常数，则称 X 服从参数 μ、σ 的对数正态分布，其分布函数为

$$F(x)=\frac{1}{\sqrt{2\pi}\sigma}\int_{0}^{x}\frac{1}{t}\mathrm{e}^{-\frac{(\ln t-\mu)^2}{2\sigma^2}}\mathrm{d}t,\quad x>0 \tag{2-46}$$

对数正态分布随机变量 X 的统计参数为

$$E(X)=\mathrm{e}^{\mu+\frac{\sigma^2}{2}},\quad D(X)=\mathrm{e}^{2\mu+\sigma^2}(\mathrm{e}^{\sigma^2}-1),\quad V_X=\sqrt{\mathrm{e}^{\sigma^2}-1}$$

参数 μ 和 σ 与对数正态分布的平均值 $E(X)$ 和标准差 σ_X 之间的关系为

$$\sigma = \sqrt{\ln(1+V_X^2)}, \quad \mu = \ln\left(\frac{\mu_X}{\sqrt{1+V_X^2}}\right)$$

其中

$$\mu_X = E(X) = e^{\mu+\frac{\sigma^2}{2}}, \quad V_X = \frac{\sigma_X}{\mu_X}$$

在实际工作中，如研究荷载、材料强度等问题时，若其分布为正偏态（左偏倚）时，就可以考虑采取对数正态分布拟合。

2.2.3.7 极值分布

（1）极值 Ⅰ 型分布

设随机变量 X 的概率密度函数为

$$f(x) = \alpha e^{-\alpha(x-\mu)} \cdot \exp[-e^{-\alpha(x-\mu)}], \quad -\infty < x < +\infty \tag{2-47}$$

其中，α、μ 为两个参数，称 X 服从参数为 α、μ 的极值 Ⅰ 型分布，且 $\alpha = \dfrac{\pi}{\sqrt{6}\sigma_X}$，$\mu = \mu_X - \dfrac{r}{\alpha}$，$r = 0.5772$，为欧拉(Eular)常数，其期望 $E(X) = \mu_X = \mu + \dfrac{r}{\alpha}$，方差 $D(X) = \sigma_X^2 = \dfrac{\pi^2}{6\alpha^2}$，变异系数 $V_X = \dfrac{\pi}{\sqrt{6}(r+\alpha\mu)}$。其分布函数为

$$F(x) = \exp\{-\exp[-\alpha(x-\mu)]\} \tag{2-48}$$

（2）极值 Ⅱ 型分布

设随机变量 X 的概率密度函数为

$$f(x) = \begin{cases} k\alpha^k x^{-k-1} e^{-\left(\frac{\alpha}{x}\right)^k}, & 0 < x < \infty \\ 0, & x \leqslant 0 \end{cases} \tag{2-49}$$

其中，α、k 为两个参数，称 X 服从参数为 α、k 的极值 Ⅱ 型分布。其期望 $\mu_X = E(X) = 2\Gamma\left(1-\dfrac{1}{k}\right)$ 且 $k>1$，方差 $D(X) = \alpha^2\left[\Gamma\left(1-\dfrac{2}{k}\right) - \Gamma^2\left(1-\dfrac{1}{k}\right)\right]$ 且 $k>2$，其中 $\Gamma(\cdot)$ 为伽马(Gamma)函数，$\Gamma(s) = \int_0^{\infty} x^{s-1}e^{-x}dx$，极值 Ⅱ 型分布函数为

$$F(X) = \begin{cases} e^{-\left(\frac{\alpha}{x}\right)^k}, & 0 < x < \infty \text{ 且 } \alpha > 0, k > 0 \\ 0, & x < 0 \end{cases} \tag{2-50}$$

2.2.3.8 指数分布

设连续型随机变量是 X 的概率密度函数为

$$f(x) = \begin{cases} \lambda e^{-\lambda x}, & x \geqslant 0 \\ 0, & x < 0 \end{cases} \tag{2-51}$$

其中，$\lambda > 0$，为常数，称 X 服从参数为 λ 的指数分布，记为 $X \sim E(\lambda)$。易知 $f(x) \geqslant 0$，且 $\int_{-\infty}^{+\infty} f(x)dx = \int_0^{+\infty} \lambda e^{-\lambda x}dx = 1$。

由式(2-51)得 X 的概率分布函数为

$$F(x) = \begin{cases} 1 - e^{-\lambda x}, & x \geqslant 0 \\ 0, & x < 0 \end{cases} \tag{2-52}$$

2.2.3.9 韦伯(Weibull)分布

设随机变量 X 的概率密度函数为

$$f(x)=\begin{cases}0, & x<0\\ \dfrac{m}{\eta}\left(\dfrac{x}{\eta}\right)^{m-1}\mathrm{e}^{-\left(\frac{x}{\eta}\right)^m}, & x\geqslant 0\end{cases} \tag{2-53}$$

其中,$m>0$、$\eta>0$,为分布参数,称 X 服从参数为 m、η 的韦伯分布,记为 $X\sim W(\eta,m)$,其期望 $\mu_X=\eta\cdot\Gamma\left(\dfrac{1}{m}+1\right)$,方差 $D(X)=\eta^2\left\{\Gamma\left(\dfrac{2}{m}+1\right)-\left[\Gamma\left(\dfrac{1}{m}+1\right)\right]^2\right\}$。其概率分布函数为

$$F(x)=\begin{cases}0, & x<0\\ 1-\mathrm{e}^{-\left(\frac{x}{\eta}\right)^m}, & x\geqslant 0\end{cases} \tag{2-54}$$

2.2.3.10 最大值与最小值分布

设 $X_i(i=1,2,\cdots,n)$ 为独立同分布随机变量,其概率分布函数为 $F(x)$,概率密度函数为 $f(x)$,则最大值和最小值可分别记为:$M=\max(X_1,X_2,\cdots,X_n)$ 和 $N=\min(X_1,X_2,\cdots,X_n)$。

最大值的概率分布函数及概率密度函数分别为

$$\begin{aligned}F_M(z)&=P\{M\leqslant z\}=P\{X_1\leqslant z,X_2\leqslant z,\cdots,X_n\leqslant z\}\\&=\prod_{i=1}^{n}P\{X_i\leqslant z\}=[F(z)]^n\end{aligned} \tag{2-55}$$

$$f_M(z)=n[F(z)]^{n-1}\cdot f(z) \tag{2-56}$$

最小值的分布函数及密度函数分别为

$$\begin{aligned}F_N(z)&=P\{N\leqslant z\}=1-P\{N>z\}\\&=1-P\{X_1>z,X_2>z,\cdots,X_n>z\}\\&=1-\prod_{i=1}^{n}P(X_i>z)=1-[1-F(z)]^n\end{aligned} \tag{2-57}$$

$$f_N(z)=n[1-F(z)]^{n-1}\cdot f(z) \tag{2-58}$$

2.3 随机向量

在研究随机现象时,经常遇见两个或两个以上的随机变量的情况。如在研究风荷载对构筑物的影响时,需要考查风速 V 和风向 θ;在观测钢筋混凝土构件的使用性能时,需要观测它的变形 f 和裂缝开裂宽度 ω 等。这样就需要两个以上的随机变量组成的有序组来描述。一般地,把 n 个随机变量 $X_1,X_2,\cdots,X_n$ 组成的有序组称为 n 维随机向量,表示为$(X_1,X_2,\cdots,X_n)$。

本书主要讨论二维随机向量的概率特征,然后再推广到有限维随机向量的情况。

2.3.1 二维随机向量的分布函数

设(X,Y)为二维随机向量,对于任意实数 x、y,二元函数

$$F(x,y)=P\{X\leqslant x,Y\leqslant y\} \tag{2-59}$$

称为二维随机向量(X,Y)的分布函数，或称$F(x,y)$为随机变量X和Y的联合概率分布函数。在平面坐标系，概率分布函数$F(x,y)$就表示落在以点(x,y)为顶点的左下方的无限矩形域内的概率，如图2-5所示。

当二维随机向量(X,Y)在平面坐标系上基于一点(x,y)落入任一矩形$G=\{(x,y)\mid x_1<x\leqslant x_2,y_1<y\leqslant y_2\}$时，如图2-6所示二维随机变量的概率，即可由概率的加法性质求得：

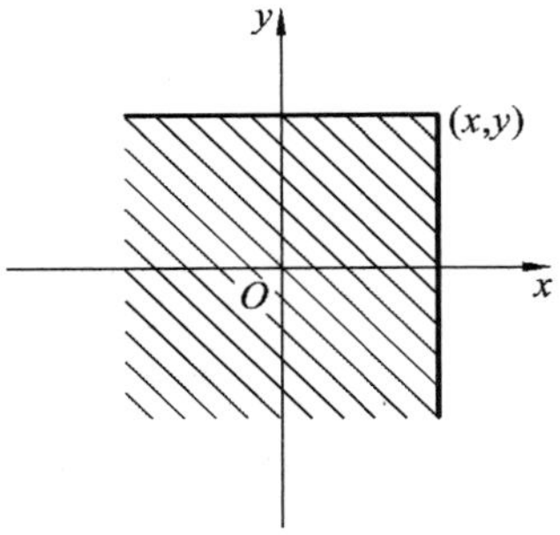

图2-5　二维随机向量概率分布函数

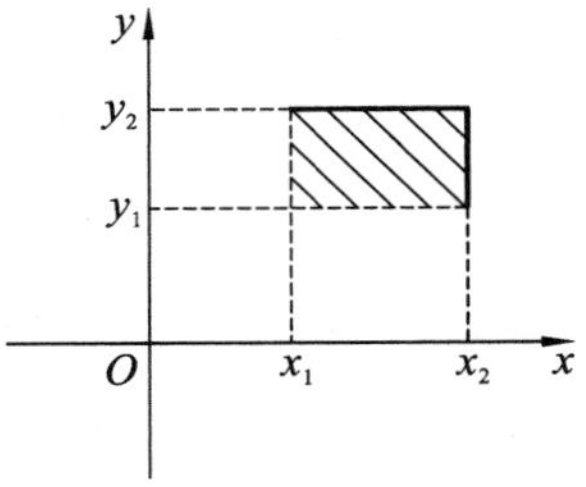

图2-6　二维随机变量的概率

$$P\{x_1<X\leqslant x_2,y_1<Y\leqslant y_2\}=F(x_2,y_2)-F(x_1,y_2)-F(x_2,y_1)+F(x_1,y_1)\geqslant 0 \tag{2-60}$$

二维随机向量(X,Y)的概率分布函数具有以下的基本性质：

① $F(x,y)$是变量x或y的不减函数；

② $0\leqslant F(x,y)\leqslant 1$，且$F(-\infty,y)=0,F(x,-\infty)=0,F(-\infty,-\infty)=0,F(+\infty,+\infty)=1$；

③ $F(x,y)=F(x+0,y),F(x,y)=F(x,y+0)$，即$F(x,y)$关于$x$、$y$都是右连续的。

对于离散型二维随机向量(X,Y)，若(X,Y)所有可能取值为有限对或可列对(x,y)，且(x,y)对应确定的概率$P(x,y)=P\{X=x,Y=y\}$，则其概率分布列可表示为

$$p_{ij}=P\{X=x_i,Y=y_j\} \tag{2-61}$$

其中，$p_{ij}\geqslant 0$且$\sum\limits_{ij}p_{ij}=1$。分布函数为

$$F(x,y)=\sum_{x_i\leqslant x}\sum_{y_j\leqslant y}P\{X=x_i,Y=y_j\}=\sum_{x_i\leqslant x}\sum_{y_j\leqslant y}p_{ij} \tag{2-62}$$

对于连续型二维随机向量(X,Y)，若存在非负二元函数$f(x,y)$，对任意x、$y\in R$，使得

$$F(x,y)=\int_{-\infty}^{x}\int_{-\infty}^{y}f(u,v)\mathrm{d}u\mathrm{d}v \tag{2-63}$$

且$\int_{-\infty}^{x}\int_{-\infty}^{y}f(x,y)\mathrm{d}x\mathrm{d}y=1$，则称$f(x,y)$为二维随机向量$(X,Y)$的概率密度函数，$F(x,y)$为$(X,Y)$的概率分布函数。

2.3.2　边际分布函数

设二维随机向量(X,Y)的概率分布函数为$F(x,y)$，则称$F_X(x)=F(x,+\infty)$和

$F_Y(y) = F(+\infty, y)$ 为关于 x 和关于 y 的边际分布函数。

对于连续型随机向量(X,Y)，其边际分布为

$$F_X(x) = \int_{-\infty}^{x} \int_{-\infty}^{+\infty} f(u,y)\mathrm{d}y\mathrm{d}u \tag{2-64}$$

$$F_Y(y) = \int_{-\infty}^{y} \int_{-\infty}^{+\infty} f(x,v)\mathrm{d}x\mathrm{d}v \tag{2-65}$$

边际概率密度函数为

$$f_X(x) = \int_{-\infty}^{+\infty} f(x,y)\mathrm{d}y \tag{2-66}$$

$$f_Y(y) = \int_{-\infty}^{+\infty} f(x,y)\mathrm{d}x \tag{2-67}$$

离散型随机向量(X,Y) 关于 X 和 Y 的边际概率分布为

$$F_X(x) = F(x, +\infty) = \sum_{x_i \leqslant x} \sum_{j=1}^{\infty} p_{ij} \tag{2-68}$$

$$F_Y(y) = F(+\infty, y) = \sum_{y_j \leqslant y} \sum_{i=1}^{\infty} p_{ij} \tag{2-69}$$

边际概率分布列为

$$P\{X = x_i\} = \sum_{j=1}^{\infty} p_{ij} \overset{\Delta}{=} p_{i\cdot} \qquad (i = 1,2,\cdots) \tag{2-70}$$

$$P\{Y = y_j\} = \sum_{i=1}^{\infty} p_{ij} \overset{\Delta}{=} p_{\cdot j} \qquad (j = 1,2,\cdots) \tag{2-71}$$

2.3.3　二维随机向量(X,Y) 的相互独立性

若二维随机向量(X,Y) 的分布函数 $F(x,y) = F_X(x) \cdot F_Y(y)$，则称 X 与 Y 相互独立。若 X、Y 相互独立，则有

$$f(x,y) = f_X(x) \cdot f_Y(y) \quad （对于连续型） \tag{2-72}$$

$$p_{ij} = p_{i\cdot} \cdot p_{\cdot j} \quad （对于离散型） \tag{2-73}$$

2.3.4　多维随机向量的数字特征

设 n 维随机向量 $X(X_1, X_2, \cdots, X_n)$ 的联合分布函数 $F_X(x_1, x_2, \cdots, x_n)$[$F_X(x_1, x_2, \cdots, x_n) = P\{X_1 \leqslant x_1, X_2 \leqslant x_2, \cdots, X_n \leqslant x_n\}$概率密度函数定义为$f_X(x_1, x_2, \cdots, x_n)$]，以此为基础，与单个随机变量相似，可以得到多维随机向量的数字特征。

2.3.4.1　数学期望与方差

对 n 维随机向量$(X_1, X_2, \cdots, X_n)$，若各自的期望为 $E(X_i)(i = 1,2,\cdots,n)$，则称 $[E(X_1), E(X_2), \cdots, E(X_n)]$ 为随机向量 $X = (X_1, X_2, \cdots, X_n)$ 的数学期望，记作 $E(X)$ 或 $E(X_1, X_2, \cdots, X_n)$。

对 n 维随机向量$(X_1, X_2, \cdots, X_n)$，若各自的方差为 $D(X_i)(i = 1,2,\cdots,n)$，则称 $[D(X_1), D(X_2), \cdots, D(X_n)]$ 为随机向量 $X = (X_1, X_2, \cdots, X_n)$ 的方差。

2.3.4.2 协方差和协方差矩阵

在实际应用中,仅用期望和方差来描述对 n 维随机向量 $(X_1, X_2, \cdots, X_n)$ 的统计特性是不够的,因为它们不能反映不同随机变量之间相互关系的分散程度。为此,必须给出协方差的概念。

设 X、Y 为两个随机变量,则称

$$\mathrm{cov}(X,Y) = E\{[X - E(X)][Y - E(Y)]\} \tag{2-74}$$

为协方差。

协方差有以下性质:

① $\mathrm{cov}(X,Y) = \mathrm{cov}(Y,X)$;

② $\mathrm{cov}(aX, bY) = ab\,\mathrm{cov}(X,Y)$($a,b$ 为常数);

③ $\mathrm{cov}(X_1 + X_2, Y) = \mathrm{cov}(X_1, Y) + \mathrm{cov}(X_2, Y)$。

对于 n 维随机向量 $(X_1, X_2, \cdots, X_n)$,设其二阶混合中心矩存在,即

$$C_{ik} = \mathrm{cov}(X_i, X_k) = E\{[X_i - E(X_i)][X_k - E(X_k)]\} \quad (i,k = 1,2,\cdots,n)$$

则称

$$C = \begin{bmatrix} C_{11} & C_{12} & \cdots & C_{1n} \\ C_{21} & C_{22} & \cdots & C_{2n} \\ \vdots & \vdots & \vdots & \vdots \\ C_{n1} & C_{n2} & \cdots & C_{nn} \end{bmatrix} \tag{2-75}$$

为 n 维随机向量 $X = (X_1, X_2, \cdots, X_n)$ 的协方差矩阵,其中对角线上的元素 $C_{ii} = D(X_i)$。

由定义可知,$C_{ik} = C_{ki}(i \neq k, i,k = 1,2,\cdots,n)$,因此,协方差矩阵为一对称阵,且 $|C| \geqslant 0$。

2.3.4.3 相关系数

设随机变量 X_i 和 X_k 的方差 $D(X_i)$ 和 $D(X_k)$ 存在且大于零,则称

$$\rho_{ik} = \frac{\mathrm{cov}(X_i, X_k)}{\sigma_{X_i}\sigma_{X_k}} \tag{2-76}$$

为 X_i 和 X_k 的相关系数。

2.4 随机变量的函数

在结构可靠性研究中,常常会遇到结构的某一方面特性需要用若干个其他设计变量的函数形式表达的情况。如结构荷载效应是结构几何尺寸和荷载的函数,结构截面的抗力是结构材料性能和截面几何参数的函数。一般地,假设 $X = (X_1, X_2, \cdots, X_n)$ 为 n 维随机向量,以 X 为自变量的函数记为 $Y = g(X) = g(X_1, X_2, \cdots, X_n)$,则 Y 仍然是一个随机变量,并称 $Y = g(X)$ 为随机变量函数。那么,现在需要解决的问题是:在已知 $X_i(i = 1,2,\cdots,n)$ 的概率分布基础上,如何推求 Y 的概率分布及其统计特征。

下面主要讨论一维和二维随机变量的函数。对于多于二维的情况,可作与二维相似的处理。

2.4.1 一维随机变量函数的分布

设 X 是一个随机变量,则它的函数 $Y = g(X)$ 也是一个随机变量,如果已知 X 的概率密

度函数 $f_X(x)$，可通过适当变换获得 $Y = g(X)$ 的概率密度函数 $f_Y(y)$，即得到随机变量函数的概率密度函数。

2.4.1.1　离散型随机变量函数的分布

(1) 设 X 的每个样本的概率为 $P\{X = x_i\}, i = 1,2,\cdots$，记 $y_i = g(x_i)$，如果 y_i 的值都互不相等，则 Y 的样本的概率为 $P\{Y = y_i\} = P\{X = x_i\}, i = 1,2,\cdots$。

(2) 若样本 $y_i = g(x_i)$ 中有相等的情况，则应把那些相等的 y_i 合并成一项 y_i，再根据概率加法公式把相应的 p_i 相加，就得到了 Y 的样本概率。

2.4.1.2　连续型随机变量函数的概率密度函数

设连续型随机变量 X 的概率密度函数为 $f_X(x)$，又 $y = g(x)$ 处处可导，且对于任意 x，有 $g'(x) > 0$[或 $g'(x) < 0$]，再设 $g(x)$ 的反函数为 $h(y)$，则连续型随机变量函数 $Y = g(X)$ 的概率密度函数为

$$f_Y(y) = \begin{cases} f_X[h(y)]\,|h'(y)|, y \in (\alpha,\beta) \\ 0, y \notin (\alpha,\beta) \end{cases} \tag{2-77}$$

其中，$\alpha = \min\{g(-\infty), g(+\infty)\}$；$\beta = \max\{g(-\infty), g(+\infty)\}$。

若 $f_X(x)$ 在有限区间 $[a,b]$ 以外等于 0，则只需要设在 $[a,b]$ 上有 $g'(x) > 0$[或 $g'(x) < 0$]，而 $\alpha = \min\{(g(a), g(b)\}$，$\beta = \max\{g(a), g(b)\}$。

凡满足上述条件，均可利用式(2-77) 求 $Y = g(X)$ 的概率密度。

若 $y = g(x)$ 不是单调的，则 $x = h(y)$ 是多值的，有若干个分支分段单调：$x_1 = h_1(y)$；$x_2 = h_2(y)$；…；$x_N = h_N(y)$

则

$$f_Y(y) = f_X[h_1(y)]\left|\frac{\mathrm{d}h_1(y)}{\mathrm{d}y}\right| + f_X[h_2(y)]\left|\frac{\mathrm{d}h_2(y)}{\mathrm{d}y}\right| + \cdots + f_X[h_N(y)]\left|\frac{\mathrm{d}h_N(y)}{\mathrm{d}y}\right| \tag{2-78}$$

2.4.2　二维随机向量函数的概率

设 (X,Y) 为二维随机向量，$g(x,y)$ 为一个二元函数，则 $Z = g(X,Y)$ 也是一个随机变量，对于实轴上任意一个集合 S，有

$$[g(x,y) \in S] = [(x,y) \in f^{-1}(S)] \tag{2-79}$$

其中，$f^{-1}(S)$ 是由满足 $g(x,y) \in S$ 的全部 (x,y) 组成的集合。从而，可以按 (X,Y) 的概率分布函数或概率密度函数来定出 $g(X,Y)$ 的分布。

2.4.3　随机变量函数的数字特征

2.4.3.1　数学期望

以二维随机向量函数为例。设随机向量 (X,Y) 的函数 $Z = g(X,Y)$，则：

① 当 (X,Y) 是离散型随机向量时，若

$$P\{X = x_i, Y = y_i\} = p_{ij} \qquad (i,j = 1,2,\cdots) \tag{2-80}$$

则

$$E(Z)=\sum_i\sum_j g(x_i,y_j)P_{ij} \tag{2-81}$$

② 当(X,Y)为连续型随机向量时,若联合概率密度函数为$f(x,y)$,则

$$E(Z)=\int_{-\infty}^{+\infty}\int_{-\infty}^{+\infty}g(x,y)f(x,y)\mathrm{d}x\mathrm{d}y \tag{2-82}$$

2.4.3.2　*方差*

以二维随机向量函数为例,设随机变量函数为$Z=g(X,Y)$,则:

① 当(X,Y)是离散型时,若

$$P\{X=x_i,Y=y_i\}=p_{ij}\qquad(i,j=1,2,\cdots) \tag{2-83}$$

则

$$D(Z)=\sum_i\sum_j[g(x_i,y_j)-E(Z)]^2\cdot p_{ij} \tag{2-84}$$

② 当(X,Y)是连续型时,若联合概率密度函数为$f(x,y)$,则

$$E(Z)=\int_{-\infty}^{+\infty}\int_{-\infty}^{+\infty}[g(x,y)-E(Z)]^2\cdot f(x,y)\mathrm{d}x\mathrm{d}y \tag{2-85}$$

2.4.3.3　*数学期望和方差的性质*

在求随机变量函数的数字特征时,可得以下几个性质:

① $E\left(\sum_{i=1}^{n}X_i\right)=\sum_{i=1}^{n}E(X_i)$

② $E\left(\sum_{i=1}^{n}CX_i\right)=C\sum_{i=1}^{n}E(X_i)$

③ 若$X_1,X_2,\cdots,X_n$相互独立,则

$$D\left(\sum_{i=1}^{n}X_i\right)=\sum_{i=1}^{n}D(X_i)$$

④ 若$X_1,X_2,\cdots,X_n$相互独立,则

$$E\left(\prod_{i=1}^{n}X_i\right)=\prod_{i=1}^{n}E(X_i)$$

2.5　随机场

2.5.1　随机场的空间离散法

假设一个空间坐标系统下的结构系统,它的某个物理量(如弹性模量)是随机变量而且这个物理量是空间坐标的函数,那么这个物理量称为一个随机场。结构系统的域Ω就是该随机场的域,和确定性有限元法类似,在应用随机有限元法之前,需要对随机场进行网格划分,实现空间离散。代表性方法有以下几种。

(1) 中心点法

将随机场划分为n个子域Ω_e,且用子域Ω_e的中心点处的随机变量值表示Ω_e内各点的

随机变量值，则连续随机场 $V(x)$ 转变为 n 个随机变量 $V_i(i=1,2,\cdots,n)$。x 为随机场的空间坐标，可以是一维、二维或三维坐标。这样的随机场每次实现都是阶梯形的，且在网格线上不连续。中心点法适用于各种分布的随机场。

(2) 局部平均法

对于随机场，用子域 Ω_e 内的平均值作为域内各点的值，即

$$V_i=\frac{\int_{\Omega_e}V(x)\mathrm{d}\Omega_e}{\int_{\Omega_e}\mathrm{d}\Omega_e} \tag{2-86}$$

这样随机场的每次实现也在网格线上不连续，但当网格加密时，这个方法比中点法收敛快。

(3) 形函数法(加权平均法)

对于子域 Ω_e 内的一组形函数 $\varphi_i(x)(i=1,2,\cdots,m)$，将其与随机场对应的网格节点值相乘并求和，用这个求和的值来表示 Ω_e 内的随机场值，即

$$V(x)=\sum_{i=1}^{m}\varphi_i(x)V_i \tag{2-87}$$

其中，m 是一个网格的节点数，$\varphi_i(x)$ 常取为多项式。这样描述的随机场是连续的。

(4) 最优线性估值法

在随机场的整个定义域 Ω 上，利用有限元网格，同时离散整个随机场，有

$$W(x)=a(x)+\sum_{i=1}^{n}b_i^{\mathrm{T}}(x)V(x_i) \tag{2-88}$$

式中 $a(x)$ 和 $b(x)$ 用以下条件确定：

$$\begin{cases}E[W(x)]=E[V(x)]\\ \mathrm{Min}(E\{[W(x)-V(x)]^2\})\end{cases}$$

这个方法拟合的随机场方差比前面几个方法都小。

(5) 局部积分法

利用如下积分来描述随机场子域 Ω_e 内某点的值：

$$W(x_0)=\int_{\Omega_e}g(x)V(x+x_0)\mathrm{d}\Omega_e \tag{2-89}$$

其中，$g(x)$ 是具有 x^i 形式的确定函数，x_0 是 Ω 内某个定点，显然局部平均法是此方法的特例，这个方法比局部平均法收敛快。

2.5.2 随机场的 K-L 级数展开

对任意分布的连续随机场 $V(x)$，可以使用 Karhunen-Loeve(K-L) 级数来展开

$$V(x)=\sum_{i=1}^{\infty}\lambda_i\xi_i\varphi_i(x) \tag{2-90}$$

其中，λ_i 和 φ_i 是积分方程，即

$$\int_{\Omega}\mathrm{COV}_{\mathrm{vv}}(x_1,x_2)\varphi_i(x_1)\mathrm{d}x_1=\lambda_i\varphi_i(x_2) \tag{2-91}$$

的特征值及特征向量，式(2-91) 以随机场的协方差 $\mathrm{COV}_{\mathrm{vv}}(x_1,x_2)$ 矩阵为核。同时，特征函

数为满足如下方程的一个完备的正交集合：

$$\int_{\Omega}\Phi_i(x)\Phi_j(x)\mathrm{d}x=\delta_{ij} \tag{2-92}$$

其中，δ_{ij} 为 Kronecker 积；ξ_i 是一组均值为 0 的独立随机变量。在利用式(2-91) 求得协方差核的 λ_i 和 φ_i 后，随机场可以表示为

$$R(x)=\overline{R}(x)+\sum_{i=0}^{\infty}[\xi_i\sqrt{\lambda_i}\Phi_i(x)+\xi_i^*\sqrt{\lambda_i^*}\Phi_i^*(x)] \tag{2-92}$$

式(2-93) 称为随机场的 K-L 展开或谱分解。在实际应用中，可用前几阶展开近似模拟随机场的概率特性。如果协方差核的精确表达式难以直接得到时，可以采用离散的求解方法。

2.5.3 随机场的多项式展开

(1) 正交多项式展开

K-L 展开主要用来描述输入随机场，如弹性模量、泊松比等，对于输出或随机响应随机场，当有限元网格划分好后，每个节点的响应可用如下所示的 Hermite 正交多项式基 Γ_{p} 来展开，该正交多项式展开已由 Cameron-Martin 定理证明为二阶收敛。

$$V=\sum_{p=1}^{\infty}\left\{\sum_{i_1=1}^{\infty}\sum_{i_2=1}^{i_1}\cdots\sum_{i_{\mathrm{p}}=1}^{i_{\mathrm{p}-1}}\alpha_{i_1 i_2\cdots i_{\mathrm{p}}}\Gamma_{\mathrm{p}}(\xi_{i_1},\xi_{i_2},\cdots,\xi_{i_{\mathrm{p}}})\right\} \tag{2-94}$$

其中，$\alpha_{i_1 i_2\cdots i_p}$ 是正交多项式基的系数，为确定的量，与空间坐标有关，ξ_i 是一系列 0 均值的独立高斯随机变量，Γ_{p} 则是 n 维 ξ 空间中 ξ_i 的 p 阶齐次多项式，所有的 Γ_{p} 均值皆为 0，且 Γ_{p} 彼此正交。

(2) 非正交多项式展开

常规上采用正交多项式展开来表达随机场是由于以下两点：一是它能保证光滑随机函数的二阶收敛；二是在正交多项式基上对随机方程投影，易于得到扩阶的确定性代数方程。

事实上，对任意分布的随机场也可用如下非正交多项式或幂级数展开：

$$V=\sum_{p=1}^{\infty}\left\{\sum_{i_1=1}^{\infty}\sum_{i_2=1}^{i_1}\cdots\sum_{i_{\mathrm{p}}=1}^{i_{\mathrm{p}-1}}\alpha_{i_1 i_2\cdots i_{\mathrm{p}}}\varphi_{\mathrm{p}}(\xi_{i_1},\xi_{i_2},\cdots,\xi_{i_{\mathrm{p}}})\right\} \tag{2-95}$$

其中，$\alpha_{i_1 i_2\cdots i_{\mathrm{p}}}$ 和 ξ_i 意义同上，$\varphi_{\mathrm{p}}(\xi_{i_1},\xi_{i_2},\cdots,\xi_{i_{\mathrm{p}}})$ 为由多维随机变量 $\xi(\xi_{i_1},\xi_{i_2},\cdots,\xi_{i_{\mathrm{p}}})$ 构成的 p 阶非正交多项式展开，其前三阶量可以写为：

$$\varphi_0=1$$
$$\varphi_1=\xi_{i_1}$$
$$\varphi_2=\xi_{i_1}\xi_{i_2}$$
$$\varphi_3=\xi_{i_1}\xi_{i_2}\xi_{i_3}$$

(3) 广义正交多项式展开

Xiu 提出了利用 Wiener-Askey 正交多项式作为 Hermite 正交多项式推广的一种方法，也就是广义的正交多项式展开，使得求解随机常微分方程时，Wiener-Askey 正交多项式展开可应对一般的非高斯分布的随机变量，从而得到最佳的收敛速度，使得精度满足要求。

广义正交多项式展开式既可以表达为要求的随机变量，也可以表达为输入的随机变量。

随机场 Y 可以写成随机变量 ξ 对应正交多项式的组合如下：

$$Y = \sum_{i=0}^{p} k_i M_i(\xi) \tag{2-96}$$

式中　k_i—— 待求解的系数；

$M_i(i = 0,1,\cdots,p)$—— 关于 ξ 的正交多项式基。

2.6　随机过程

在本章前几节中，主要介绍了随机变量和空间坐标的随机函数即随机场。在结构可靠性分析中，还需要研究一些随机现象的发展和变化过程，即随时间不断变化的随机变量，如作用在结构上的风荷载、雪荷载、地震作用以及引起结构疲劳的突变荷载等。要模拟这些现象的随机性和时变性，就需要具备随机过程理论的一些基本知识。本节着重介绍随机过程的基本概念以及与结构可靠性分析有关的几种典型的随机过程模型。

2.6.1　随机过程的基本概念

2.6.1.1　随机过程的定义

给定概率空间(Ω,F,p)和参数集 T，如果对于每个参数 $t \in T$，有一定义在概率空间上的随机变量 $X(t,\omega)$，$\{\omega \in \Omega\}$，则称

$$\{X(t,\omega),t \in T,\omega \in \Omega\} \tag{2-97}$$

为随机过程，简记为$\{X(t),t \in T\}$。

一个随机过程$\{X(t),t \in T\}$ 实际上是两个变量的二元函数，其中一个变量是样本空间 Ω 中的 ω，另一个为参数集 T 中的时间 t。因此，随机过程$\{X(t),t \in T\}$ 可以从以下几个方面去理解：

(1) 当 ω 与 t 均变化时，$X(t)$ 是一簇随时间变化的随机变量。

(2) 固定 $\omega_i \in \Omega$，$X(t)$ 是定义在参数集 T 上的确定性实值函数，称为随机过程对应于 ω_i 的样本函数。

(3) 固定 $t_i \in T$，$X(t)$ 是一个随机变量，称为随机过程$\{X(t),t \in T\}$ 在 t_i 时刻的随机变量。

(4) 当 ω 和 t 均给定时，$X(t)$ 是一个标量。

可见，随机变量与随机过程的差别是，前者是一个数的集合，后者是一个时间函数的集合。

2.6.1.2　随机过程的概率分布函数及概率密度函数

设$\{X(t),t \in T\}$ 是一随机过程，对于每个固定的 $t \in T$，$X(t)$ 是一随机变量，它的概率分布函数是与 t 有关的，则称

$$F_1(x,t) = P\{X(t) \leqslant x\},t \in T \tag{2-98}$$

为随机过程的一维概率分布函数，若 $F_1(x,t)$ 存在导数，则称

$$f_1(x,t) = \frac{\partial F_1(x,t)}{\partial x} \tag{2-99}$$

为随机过程 $X(t)$ 的一维概率密度函数，有

$$F_1(x,t)=\int_{-\infty}^{x} f_1(u,t)\mathrm{d}u \tag{2-100}$$

一般地，对于一个随机过程 $X(t)$，当时间 t 取任意几个数值 $t_1,t_2,\cdots,t_n\in T$ 及 $(x_1,x_2,\cdots,x_n)\in R_n$ 时，记 n 维**随机向量** $(X(t_1),X(t_2),\cdots,X(t_n))$ 的联合概率分布函数为

$$F_n(x_1,x_2,\cdots,x_n;t_1,t_2,\cdots,t_n)=P\{\boldsymbol{X}(t_1)\leqslant x_1,\boldsymbol{X}(t_2)\leqslant x_2,\cdots,\boldsymbol{X}(t_n)\leqslant x_n\} \tag{2-101}$$

称 F_n 为随机过程 $\boldsymbol{X}(t)$ 的 n 维概率分布函数。

若 $F_n(x_1,x_2,\cdots,x_n;t_1,t_2,\cdots,t_n)$ 存在 n 阶偏导数，则 $\boldsymbol{X}(t)$ 的 n 维概率密度函数为

$$f_n(x_1,x_2,\cdots,x_n;t_1,t_2,\cdots,t_n)=F^{(n)}_{x_1,x_2,\cdots x_n}(x_1,x_2,\cdots,x_n;t_1,t_2,\cdots,t_n) \tag{2-102}$$

当 n 和 $t_i(i=1,2,\cdots,n)$ 变动时，得到一簇概率分布函数：

$$\begin{aligned}F&=\{F_{x_1,x_2,\cdots,x_n}(x_1,x_2,\cdots,x_n;t_1,t_2,\cdots,t_n),t_1,t_2,\cdots,t_n\in T,n\geqslant 1\}\\&=\{F_n(x_1,x_2,\cdots,x_n;t_1,t_2,\cdots,t_n),t_1,t_2,\cdots,t_n\in T,n\geqslant 1\}\end{aligned} \tag{2-103}$$

称 F 为随机过程 $X(t)$ 的有限维概率分布函数族。

2.6.2 随机过程的数字特征

随机过程的概率分布函数族 F，能完善地表达随机过程的统计特性，但在实际应用中，要确定随机过程的概率分布函数族往往比较困难，甚至是不可能的。因此，我们引入随机过程的数字特征，这些特征能反映随机过程的重要特性。

2.6.2.1 均值函数与方差函数

设 $\{X(t),t\in T\}$ 是一随机过程，$f(x,t)$ 是一维概率密度函数，若存在

$$E\{|X(t)|\}=\int_{-\infty}^{+\infty}|x|f(x,t)\mathrm{d}x<\infty \tag{2-104}$$

则一阶矩

$$\mu(t)=E\{X(t)\}=\int_{-\infty}^{+\infty}xf(x,t)\mathrm{d}x \tag{2-105}$$

被称为随机过程 $X(t)$ 的均值函数。它是随机过程 $X(t)$ 对应于时刻 t 的所有样本的平均值，对应不同时刻 t，$\mu(t)$ 值不一定相等。

类似地，可以定义二阶中心矩

$$E\{[X(t)-\mu(t)^2]\}=\int_{-\infty}^{+\infty}[x-\mu(t)^2]f(x,t)\mathrm{d}x \tag{2-106}$$

为随机过程 $X(t)$ 的方差函数，记作 $D[X(t)]$ 或 $\sigma^2(t)$。$\sigma(t)$ 称为随机过程 $X(t)$ 的均方差函数，它表示随机过程 $X(t)$ 在时刻 t 的所有样本对于均值 $\mu(t)$ 的偏离程度。

与随机变量方差计算类似，随机过程的方差函数也可采用如下公式计算：

$$D[X(t)]=E[X^2(t)]-\{E[X(t)]\}^2 \tag{2-107}$$

2.6.2.2 自相关函数和协方差函数

上面定义的均值函数与方差函数，不能反映随机过程前后内在的联系，需要引进新的数字特征来描绘这种联系。

设 $X(t_1)$ 和 $X(t_2)$ 是随机过程 $X(t)$ 在任意两个不同时刻 t_1 与 t_2 的状态，$f_2(x_1,x_2;t_1,t_2)$ 是相应的二元概率密度函数，则称它们的二阶原点矩

$$R_{XX}(t_1,t_2)=E[X(t_1)X(t_2)]=\int_{-\infty}^{+\infty}\int_{-\infty}^{+\infty}x_1x_2f_2(x_1,x_2;t_1,t_2)\mathrm{d}x_1\mathrm{d}x_2 \tag{2-108}$$

为随机过程 $X(t)$ 的自相关函数，简称相关函数。简记为 $R_X(t_1,t_2)$ 或 $R(t_1,t_2)$。称它们的二阶中心混合矩

$$\begin{aligned}C_{XX}(t_1,t_2)&=E\{[X(t_1)-\mu(t_1)][X(t_2)-\mu(t_2)]\}\\&=\int_{-\infty}^{+\infty}\int_{-\infty}^{+\infty}(x_1-\mu_1)(x_2-\mu_2)f_2(x_1,x_2;t_1,t_2)\mathrm{d}x_1\mathrm{d}x_2\end{aligned} \tag{2-109}$$

为随机过程 $X(t)$ 的自协方差函数，简称协方差函数，简记为 $C_X(t_1,t_2)$ 或 $C(t_1,t_2)$ 或 $\mathrm{cov}[X(t_1),X(t_2)]$。

由定义可知：

① $C(t_1,t_2)=C(t_2,t_1)$；

② $C(t_1,t_2)=R(t_1,t_2)-\mu(t_1)\mu(t_2)$；

③ $C(t,t)=\sigma^2=R(t,t)-\mu(t)^2$。

2.6.2.3 相关系数

随机过程 $X(t)$ 的相关系数定义为

$$r_X(t_1,t_2)=C_X(t_1,t_2)/[\sigma(t_1)\sigma(t_2)] \tag{2-110}$$

其中，$\sigma(t_1)\neq 0$，$\sigma(t_2)\neq 0$。

对于任意的 t_1、t_2，$r(t_1,t_2)$ 具有以下性质：

① $|r(t_1,t_2)|\leqslant 1$；

② $r(t_1,t_2)=r(t_2,t_1)$，$r(t,t)=1$；

③ $|r(t_1,t_2)|=1$ 的充要条件是，$X(t_1)$ 和 $X(t_2)$ 与概率 1 线性相关。

2.6.3 几种常见的随机过程

2.6.3.1 马尔柯夫过程

设 $\{X(t),t\in(a,b)\}$ 为一随机过程，对 (a,b) 中的任意 n 个时刻 $t_1<t_2<\cdots<t_{n-1}<t_n$，如果条件概率满足

$$\begin{aligned}&P[X(t_n)\leqslant x_n\,|\,X(t_1)=x_1,X(t_2)=x_2,\cdots,X(t_{n-1})=x_{n-1}]\\&=P[X(t_n)\leqslant x_n\,|\,X(t_{n-1})=x_{n-1}\,|]\end{aligned} \tag{2-111}$$

则称 $\{X(t),t\in(a,b)\}$ 为马尔柯夫过程，也叫无后效性随机过程。即 $X(t)$ 在 t_n 时刻取值的统计规律只与前一时刻 t_{n-1} 取值有关，而与 t_{n-1} 以前的状态无关。

2.6.3.2 泊松过程

若随机过程 $\{X(t),t\geqslant 0\}$ 满足：

(1) $X(0)=0$，即初值为 0；

(2) 对任意正整数 $n\geqslant 1$ 及 $0=t_0<t_1<t_2\cdots<t_n$，$X(t_0)$，$X(t_1)-X(t_0)$，$\cdots$，$X(t_n)-X(t_{n-1})$ 为相互独立的随机变量，即具有独立增量；

(3) 对任意 $0 \leqslant s \leqslant t$，增量 $X(t)-X(s)$ 服从参数 $\lambda(t-s)$ 的泊松分布，$\lambda>0$ 为常数。

则称 $\{X(t), t \geqslant 0\}$ 为泊松过程，其统计特征如下：

① 均值函数

$$\mu(t)=E[X(t)]=\lambda t$$

② 方差函数

$$D(t)=D[X(t)]=\lambda t$$

③ 协方差函数

$$C(s,t)=\lambda \cdot \min(s,t)$$

④ 相关函数

$$r(s,t)=\lambda \cdot \min(s,t)/(\lambda \sqrt{st})$$

2.6.3.3　二阶平稳过程

若随机过程 $\{X(t), t \in (a,b)\}$ 的均值函数为常数，即 $\mu(t)=C, t \in (a,b)$，且其协方差函数只跟时间间隔长短有关，而与起止点无关，即对任意时间 $s<t$，有

$$\operatorname{cov}(s,t)=E\{[X(s)-C][X(t)-C]\}=C(\tau) \tag{2-112}$$

其中，$\tau=t-s$，则称 $\{X(t), t \in (a,b)\}$ 为二阶平稳过程。显然，二阶平稳过程的方差函数 $D(t)=\operatorname{cov}(t,t)=C(0)$，与 t 无关，也是个常数。相关函数 $r(\tau)=C(\tau)/C(0)$。

2.6.3.4　平稳二项过程

非负随机过程 $\{X(t), t \in (a,b)\}$ 叫作平稳二项过程，如果它满足：

① 将时间区间 (a,b) 划分为 N 个相等时段，记为 $\tau_1, \tau_2, \cdots, \tau_N$；

② 任给 $t \in \tau_i (i=1,2,\cdots,N)$，有 $P\{X(t)=\xi_i>0\}=p, P\{X(t)=0\}=1-p=q$；

③ $\xi_1, \xi_2, \cdots, \xi_N$ 相互独立，服从同一分布。

平稳二项过程的统计特征为：

① 均值函数：$\mu(t)=p \cdot E(\xi_i)=p \cdot \mu_\xi, t \in (a,b)$，与 t 无关；

② 方差函数：$D(t)=p^2 \cdot D(\xi_i)=p^2 \cdot \sigma_\xi, t \in (a,b)$，与 t 无关；

③ 协方差函数：$C(s,t)=0$。

在结构可靠性分析中，许多活荷载常采用平稳二项随机过程模型和二阶平稳随机过程模型。

本章参考文献

[1] 李清富. 工程结构可靠性原理[M]. 郑州：黄河水利出版社，1999.

[2] XIU D, KARNIADAKIS G E. Modeling uncertainty in flow simulations via generalized polynomial chaos[J]. Journal of Computational Physics, 2003, 187(1): 137-167.

3 可靠性基本概念

3.1 结构的功能要求

为了保证设计的结构安全可靠，建筑结构应满足对其功能的要求。建筑结构的功能主要分为安全性、适用性、耐久性三个方面。安全性是指建筑结构在正常施工和使用条件下能承受可能出现的各种作用（如荷载、温度改变、支座不均匀沉陷等引起的内力和变形），且在强震、爆炸、台风和偶然事件发生时和发生后，结构仍然能保持必要的整体稳定性，结构不致倒塌。适用性指结构在正常使用期间具有良好的工作性能，不产生影响使用的过大变形、振幅和裂缝宽度。耐久性指结构在正常维护下具有足够的耐久性能，即结构在正常维护条件下应能在规定的设计使用年限内满足安全性和适用性的要求。

3.2 结构功能函数

根据结构的功能要求可建立结构的功能函数。

设 $X=(X_1,X_2,\cdots,X_n)^{\mathrm{T}}$ 是影响结构功能的 n 个基本变量，X 可以是结构的几何尺寸、材料的物理力学参数、结构所受的作用等。随机函数

$$Z=g(X)=g(X_1,X_2,\cdots,X_n) \tag{3-1}$$

为结构的功能函数（或失效函数），又称为安全裕度。规定 $Z>0$ 表示结构处于可靠状态，$Z<0$ 表示结构处于失效状态，$Z=0$ 表示结构处于极限状态。这样，对于承载能力极限状态而言，随机变量 Z 表示了结构某一功能的安全裕度。功能函数 $g(X)$ 的具体形式可通过力学分析等途径得到。表示同一意义的功能函数，其形式也不是唯一的，如 $g(X)$ 可以用内力形式表示，也可以用位移形式表示。

特别地，方程

$$Z=g(X)=g(X_1,X_2,\cdots,X_n)=0 \tag{3-2}$$

称为结构的极限状态方程。从几何上看，它表示 n 维基本随机变量空间中的 $n-1$ 维超曲面，称为极限状态面（或失效面）。

极限状态面将问题定义域 Ω 划分成为可靠域 $\Omega_{\mathrm{r}}=\{x\,|\,g(x)>0\}$ 和失效域 $\Omega_{\mathrm{f}}=\{x\,|\,g(x)\leqslant 0\}$ 两个区域，即

$$Z=g(X)>0,\quad \forall X\in\Omega_{\mathrm{r}} \tag{3-3}$$

$$Z=g(X)\leqslant 0,\quad \forall X\in\Omega_{\mathrm{f}} \tag{3-4}$$

极限状态曲面是 Ω_{r} 和 Ω_{f} 的界限，式(3-3)和式(3-4)中极限状态无论包含在哪个区域都是可以的。为了方便处理给定的问题，可以将极限状态的一部分或全部选择为可靠域或失

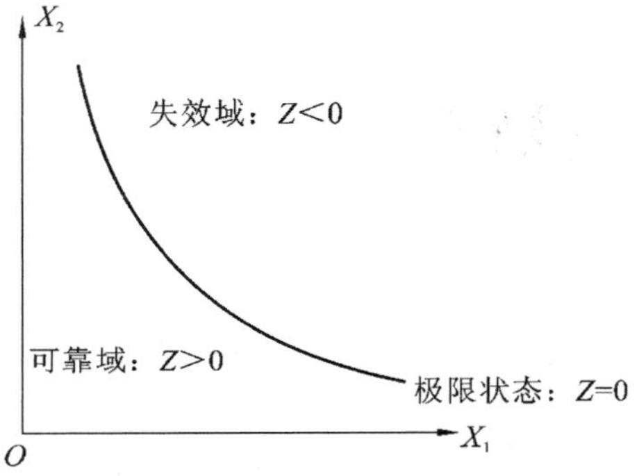

图 3-1　二维定义域和极限状态曲线

效域。以二维情形为例，可将 Ω_r 和 Ω_f 简单地表示成 $Z>0$ 或 $Z\leqslant 0$，如图 3-1 所示。

如果功能函数含有两个随机变量 R 和 S，则它可表示为

$$Z=g(R,S)=R-S \tag{3-5}$$

相应的极限状态方程为

$$Z=g(R,S)=R-S=0 \tag{3-6}$$

注意到 Z 是一个随机变量，式(3-2)、式(3-3)、式(3-4)、式(3-6) 都是在一定的概率意义上成立的。

3.3　结构极限状态

整个结构或结构的一部分超过某一特定状态，就不能满足设计规定的某一功能要求，此特定状态称为极限状态，结构极限状态是结构工作可靠与不可靠的临界状态。结构的极限状态可分为承载力极限状态和正常使用极限状态两类。

(1) 承载力极限状态

承载力极限状态与结构系统的最大承载力有关，它对应于结构或结构构件达到最大承载力或不适应于继续承载的变形。当结构或结构构件出现下列状态之一时，即认为超过了承载力极限状态：

① 整个结构或结构的一部分作为刚体失去平衡(如倾覆、滑动等)；

② 结构构件或其连接因材料强度被超过而破坏(包括疲劳破坏)，或因过度的塑性变形而不适于继续承载；

③ 结构转变为机动体系；

④ 结构或结构构件丧失稳定性(如压屈等)。

(2) 正常使用极限状态

正常使用极限状态与满足结构正常使用功能要求以及耐久性准则的结构能力有关。它表示结构或结构构件达到正常使用或耐久性能的某项规定限值状态。当结构或结构构件出现下列状态之一时，即认为超过了正常使用极限状态：

① 影响正常使用或外观的变形；

② 影响正常使用或耐久性能的局部破坏(包括裂缝)；

③ 影响正常使用的振动；

④ 影响正常使用的其他特定状态。

在进行结构设计时，结构或构件按承载力极限状态进行计算后，还应该按正常使用极限状态进行验算。也就是说，设计的结构或构件在满足承载力极限状态的同时也要满足正常使用极限状态。

如对于腐蚀环境中的钢筋混凝土结构，除保证结构的承载力之外，还必须保证结构具有

足够的耐久性等。再如，某些构件必须控制变形、裂缝才能满足使用要求。因过大的变形会造成房屋内粉刷层剥落、填充墙和隔断墙开裂及屋面积水等后果；过大的裂缝会影响结构的耐久性；过大的变形、裂缝也会造成用户心理上的不安全感。

3.4　结构可靠度

结构可靠度是结构可靠性的概率度量，定义为在规定时间内和规定条件下结构完成预定功能的概率，也称为可靠概率，表示为 P_s（或 P_r），这里“规定时间”一般是指结构的设计基准期；“规定条件”是指结构设计预先确定的施工条件和使用条件；“预定功能”一般是指结构设计所满足的各项功能要求。相反地，将结构不能完成预定功能的概率称为失效概率，表示为 P_f。

由于结构的失效概率比可靠概率具有更明确的物理意义，再加上计算和表达上的方便，习惯上常用结构的失效概率来度量结构的可靠性。失效概率 P_f 越小，表明结构的可靠性越高；反之，失效概率 P_f 越大，结构的可靠性越低。

如前所述，功能函数可用来评价结构安全与否。如图 3-2 所示，当 $Z<0$ 时，结构处于失效状态；当 $Z>0$ 时，结构处于可靠状态。因此，$Z<0$ 的事件的概率就是结构的失效概率；而 $Z>0$ 的事件的概率就是结构的可靠度。如果以随机变量 R 代表抗力，以随机变量 S 代表荷载，则

$$P_s = P\{Z = R - S > 0\} \tag{3-7}$$

$$P_f = P\{Z = R - S < 0\} \tag{3-8}$$

显然，P_s 与 P_f 有互补关系：

$$P_s + P_f = 1 \tag{3-9}$$

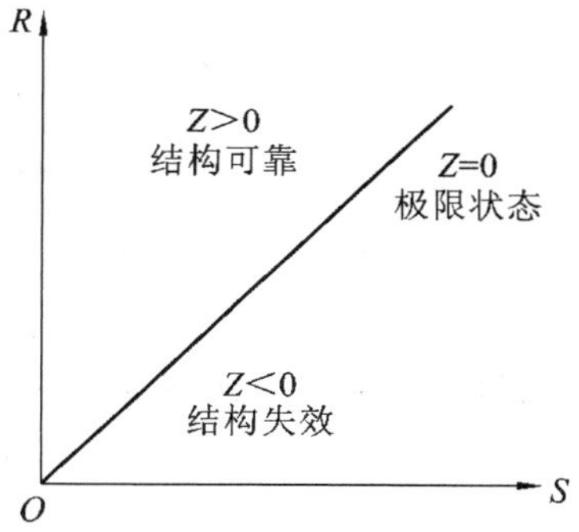

图 3-2　结构可靠与失效的功能函数描述

图 3-3 所示为干涉现象。

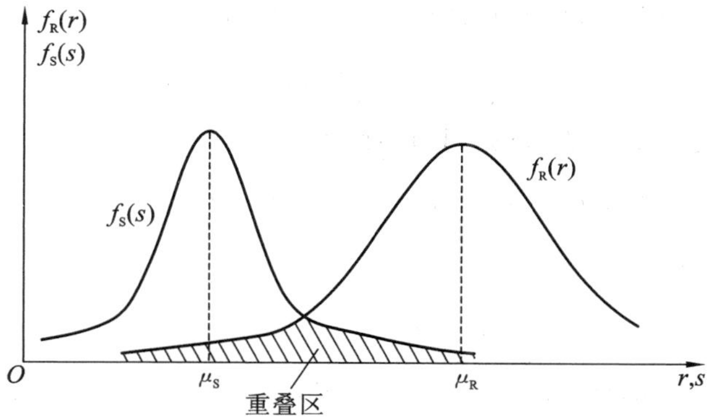

图 3-3　干涉现象

如果 R 与 S 是连续型随机变量，它们的概率密度函数分别为 $f_R(r)$ 和 $f_S(s)$，则可通过应力-强度干涉理论求解 P_s 与 P_f。当图 3-3 中的两条曲线出现相互重叠的情况，这种现象称

为干涉。在重叠区域内，如果 $R>S$，则意味安全；如果 $R<S$，则意味失效。

下面应用不同概率分布的两个随机变量的干涉理论，求解 P_s 与 P_f。

3.4.1 求解 P_s 与 P_f 的一般公式

现在考虑荷载落在 ds 区间内的概率(图 3-4)。

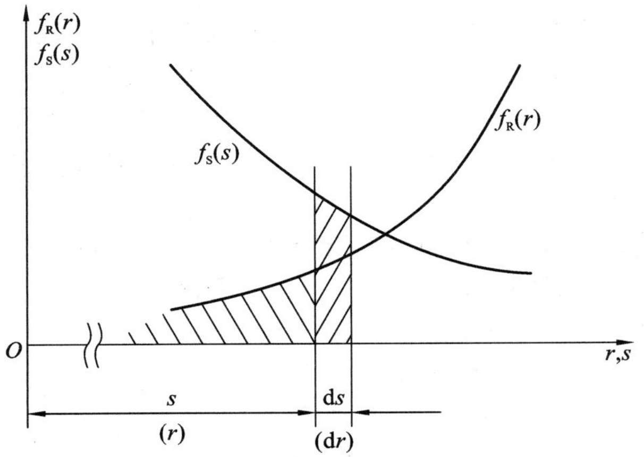

图 3-4 荷载在 ds 区间内的概率

$$P\left\{s-\frac{\mathrm{d}s}{2}\leqslant R\leqslant s+\frac{\mathrm{d}s}{2}\right\}=f_S(s)\mathrm{d}s \tag{3-10}$$

而抗力效应大于荷载效应的概率为

$$R\{R>S\}=\int_s^{\infty}f_R(r)\mathrm{d}r \tag{3-11}$$

假设 R 与 S 相互独立，则式(3-10) 和式(3-11) 的事件同时发生的概率为

$$P\cdot R=f_S(s)\mathrm{d}s\int_s^{\infty}f_R(r)\mathrm{d}r$$

由于可靠度对全区间所有可能的 S 均成立，故可靠度

$$P_s=\int_{-\infty}^{\infty}f_S(s)\left[\int_s^{\infty}f_R(r)\mathrm{d}r\right]\mathrm{d}s \tag{3-12}$$

当然，也可以先考虑 R 落在 dr 区间内的概率

$$P\left\{r-\frac{\mathrm{d}r}{2}\leqslant R\leqslant r+\frac{\mathrm{d}r}{2}\right\}=f_R(r)\mathrm{d}r \tag{3-13}$$

则荷载小于能力的概率

$$R\{S<R\}=\int_{-\infty}^{r}f_S(s)\mathrm{d}s \tag{3-14}$$

则式(3-13) 和式(3-14) 的事件同时发生，并对 R 在全区间内考虑，则有

$$P_R=\int_{-\infty}^{\infty}f_R(r)\left[\int_{-\infty}^{r}f_S(s)\mathrm{d}s\right]\mathrm{d}r \tag{3-15}$$

如果在两个随机变量中，已知其中一个概率密度函数和另一个的分布函数，则可应用式(3-16) 和式(3-17) 计算失效概率。

由式(3-9)和式(3-12)，则有失效概率

$$P_f = 1 - P_s = 1 - \int_{-\infty}^{\infty} f_S(s)\left[\int_s^{\infty} f_R(r)dr\right]ds$$
$$= 1 - \int_{-\infty}^{\infty} f_S(s)[1 - F_R(s)]ds \tag{3-16}$$
$$= \int_{-\infty}^{\infty} F_R(s) f_S(s)ds$$

类似地，由式(3-9)和式(3-15)，则有失效概率

$$P_f = 1 - P_R = 1 - \int_{-\infty}^{\infty} f_R(r)\left[\int_{-\infty}^{r} f_S(s)ds\right]dr$$
$$= 1 - \int_{-\infty}^{\infty} f_R(r)[1 - F_S(r)]dr \tag{3-17}$$
$$= \int_{-\infty}^{\infty} [1 - F_S(r)] f_R(r)dr$$

其中，$F_R(\cdot)$ 和 $F_S(\cdot)$ 分别为 R 与 S 的概率分布函数。

在实际中，R 与 S 都大于 0，故式(3-12) ~ 式(3-17)中的积分下限($-\infty$)均可改为 0。$f_R(r)$ 与 $f_S(s)$ 的重叠区如图 3-5 所示。

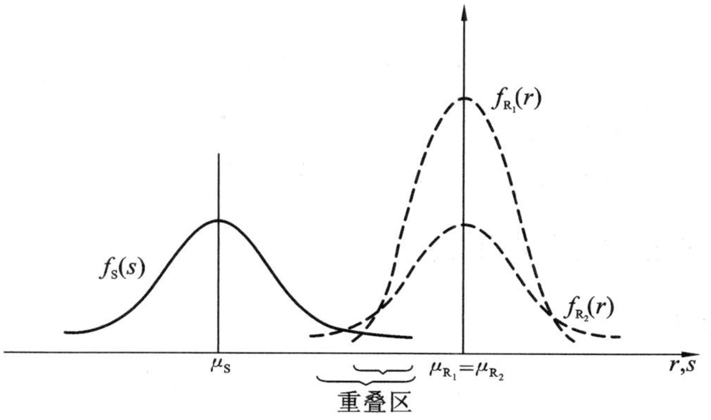

图 3-5　$f_R(r)$ 与 $f_S(s)$ 的重叠区

分析图 3-5 可知，结构失效概率的大小与 $f_R(r)$ 及 $f_S(s)$ 两条曲线的重叠区域的大小有关。重叠区域越小则 P_f 越小；反之，重叠区域越大则 P_f 越大。曲线 $f_R(r)$ 与 $f_S(s)$ 的相对位置可以用它们各自均值的 $SF = \mu_R/\mu_S$ 衡量，SF 称为安全系数。而重叠区域的大小也与 $f_R(r)$ 和 $f_S(s)$ 的离散程度有关。如图 3-5 所示，曲线 $f_{R_1}(r)$ 与曲线 $f_{R_2}(r)$ 虽有相同的均值，但由于其离散程度不同，故它们与曲线 $f_S(s)$ 的重叠区大小也不同。因此，P_f 也将不同，各曲线的离散程度可用各自的变异系数表示：

$$\begin{cases} CV_R = \sigma_R/\sigma_R \\ CV_S = \sigma_S/\sigma_S \end{cases} \tag{3-18}$$

其中，σ 是标准差。由此可知，P_f 与 σ_R、σ_S 及 μ_R/μ_S 等因素相关。

在式(3-10) ~ 式(3-17)的推导过程中，曾假定 R 与 S 是统计独立的。但在一般情况下，它们是相关的，其联合概率密度函数为 $f_{RS}(r,s)$，此时，有

$$
\begin{aligned}
P_{\mathrm{f}} &= \int_{0}^{\infty}\int_{0}^{s} f_{\mathrm{RS}}(r,s)\mathrm{d}r\mathrm{d}s \\
&= \int_{0}^{\infty}\int_{0}^{r} f_{\mathrm{RS}}(r,s)\mathrm{d}s\mathrm{d}r
\end{aligned} \tag{3-19}
$$

因为R与S都是随机变量，所以安全裕度Z也是随机变量，其概率密度函数为$f_Z(z)$。由前述可知，$Z<0$时，结构处于失效状态；$Z>0$时，则结构处于可靠状态。显然结构的失效概率可表达为

$$
P_{\mathrm{f}} = \int_{-\infty}^{0} f_Z(z)\mathrm{d}z = F_Z(0) \tag{3-20}
$$

式(3-20)可用图3-6中的阴影面积表示，非阴影面积为可靠概率。

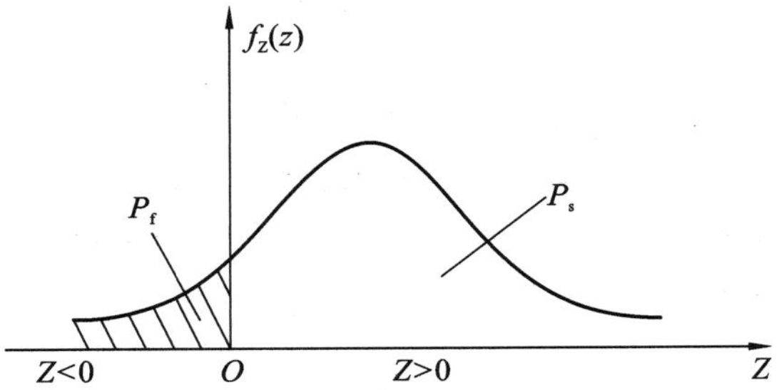

图 3-6　失效概率与可靠概率

前面应用应力-强度模型干涉理论推导出了求解结构可靠度与失效概率的一般公式。为了应用方便，下面给出一些R与S服从某种具体分布时的干涉公式。

3.4.2　R与S都服从正态分布

因R与S都服从正态分布，则有

$$
\begin{cases}
f_{\mathrm{R}}(r) = \dfrac{1}{\sqrt{2\pi}\,\sigma_{\mathrm{R}}}\exp\left[-\dfrac{(R-\mu_{\mathrm{R}})^2}{2\sigma_{\mathrm{R}}^2}\right] \\
f_{\mathrm{S}}(r) = \dfrac{1}{\sqrt{2\pi}\,\sigma_{\mathrm{S}}}\exp\left[-\dfrac{(R-\mu_{\mathrm{S}})^2}{2\sigma_{\mathrm{S}}^2}\right]
\end{cases} \tag{3-21}
$$

由于$Z=R-S$也是正态随机变量，故Z的概率密度函数为

$$
f_Z(r) = \frac{1}{\sqrt{2\pi}\,\sigma_Z}\exp\left[-\frac{(R-\mu_Z)^2}{2\sigma_Z^2}\right] \tag{3-22}
$$

其中

$$
\begin{cases}
\mu_Z = \mu_{\mathrm{R}} - \mu_{\mathrm{S}} \\
\sigma_Z = \sqrt{\sigma_{\mathrm{R}}^2 + \sigma_{\mathrm{S}}^2}
\end{cases} \tag{3-23}
$$

由式(3-20)，可得失效概率

$$
P_{\mathrm{f}} = \int_{-\infty}^{0} f_Z(z)\mathrm{d}z = \int_{-\infty}^{0} \frac{1}{\sqrt{2\pi}\,\sigma_Z}\exp\left[-\frac{(Z-\mu_Z)^2}{2\sigma_Z^2}\right]\mathrm{d}z \tag{3-24}
$$

可靠度为

$$P_s = \int_0^{\infty} f_Z(z)\mathrm{d}z = \int_0^{\infty} \frac{1}{\sqrt{2\pi}\sigma_Z}\exp\left[-\frac{(Z-\mu_Z)^2}{2\sigma_Z^2}\right]\mathrm{d}z \tag{3-25}$$

进一步引入标准化正态变量 u，有

$$u = \frac{Z-\mu_Z}{\sigma_Z} \tag{3-26}$$

又有 $\mathrm{d}z = \sigma_Z \mathrm{d}u$，于是

① 当 $Z = -\infty$ 时，$u = -\infty$；

② 当 $Z = 0$ 时，$u = -\mu_Z/\sigma_Z$。

由此可得

$$P_f = \int_{-\infty}^{-\mu_Z/\sigma_Z} \frac{1}{\sqrt{2\pi}}\mathrm{e}^{-\frac{u^2}{2}}\mathrm{d}u \tag{3-27}$$

$$P_s = \int_{-\mu_Z/\sigma_Z}^{\infty} \frac{1}{\sqrt{2\pi}}\mathrm{e}^{-\frac{u^2}{2}}\mathrm{d}u \tag{3-28}$$

3.4.3　*R* 与 *S* 都服从对数正态分布

设 R 与 S 都服从对数正态分布，这时作如下处理，令

$$Z = \frac{R}{S} \tag{3-29}$$

两边取对数，有

$$\ln Z = \ln R - \ln S \tag{3-30}$$

再令 $\ln R = R_l$，$\ln S = S_l$，$\ln Z = Z_l$，于是 R_l、S_l、Z_l 都是服从正态分布的随机变量。这样本问题就可用 R 与 S 都服从正态分布时的干涉公式求解了。

3.4.4　*R* 服从正态分布，*S* 服从指数分布

R 的概率密度函数为

$$f_R(r) = \frac{1}{\sqrt{2\pi}\sigma_R}\exp\left[-\frac{(r-\mu_R)^2}{2\sigma_R^2}\right] \tag{3-31}$$

S 的概率密度函数为

$$f_S(s) = \lambda \mathrm{e}^{-\lambda e} \tag{3-32}$$

利用式(3-15)，则有

$$\begin{aligned}
P_s &= \int_0^{\infty} f_R(r)\left[\int_0^r f_S(s)\mathrm{d}s\right]\mathrm{d}r \\
&= \int_0^{\infty} \frac{1}{\sqrt{2\pi}\sigma_R}\mathrm{e}^{-\frac{(r-\mu_R)^2}{2\sigma_R^2}}\left[\int_0^r \lambda \mathrm{e}^{-\lambda s}\mathrm{d}s\right]\mathrm{d}r \\
&= \int_0^{\infty} \frac{1}{\sqrt{2\pi}\sigma_R}\mathrm{e}^{-\frac{(r-\mu_R)^2}{2\sigma_R^2}}[1-\mathrm{e}^{-\lambda r}]\mathrm{d}r \\
&= \int_0^{\infty} \frac{1}{\sqrt{2\pi}\sigma_R}\mathrm{e}^{-\frac{(r-\mu_R)^2}{2\sigma_R^2}}\mathrm{d}r - \mathrm{e}^{\frac{\lambda^2\sigma_R^2}{2}-\mu_R\lambda}\int_0^{\infty} \frac{1}{\sqrt{2\pi}\sigma_R}\mathrm{e}^{-\frac{[r-(\mu_R-\lambda\sigma_R^2)]^2}{2\sigma_R^2}}\mathrm{d}r
\end{aligned}$$

$$= \Phi(\infty) - \Phi\left(-\frac{\mu_R}{\sigma_R}\right) - \exp\left(\frac{\lambda^2\sigma_R^2}{2} - \mu_R\lambda\right)\left[\Phi(\infty) - \Phi\left(-\frac{\mu_R - \lambda\sigma_R^2}{\sigma_R}\right)\right] \quad (3\text{-}33)$$

【例 3-1】 设某一结构的构件材料强度服从正态分布，其 $\mu_R = 110$ MPa，$\sigma_R = 10$ MPa，构件的应力服从指数分布，其 $\mu_S = \sigma_S = 40$ MPa，求该构件的可靠度。

解：由式(3-33) 可得

$$P_s = 1 - \Phi\left(-\frac{110}{10}\right) - \exp\left[\frac{1}{2}\left(\frac{1}{40}\times 10\right)^2 - 110\times\frac{1}{40}\right]\times\left[1 - \Phi\left(-\frac{110 - \frac{1}{40}\times 10^2}{10}\right)\right]$$

$$= 0.93404$$

3.5 结构可靠指标

用失效概率 P_f 度量结构的可靠性具有明显的物理意义，能较好地反映问题的实质。但是，计算 P_f 时要计算多重积分，比较困难。因此，引入与失效概率 P_f 有对应关系的可靠指标 β，β 又称为安全指标。

3.5.1 可靠指标 β 的导出及物理意义

此处仍以具有两个统计独立的正态随机变量 R 和 S 的安全裕度 $Z = R - S$ 为例说明。

因为 R 与 S 分别服从 $N(\mu_R, \sigma_R)$ 和 $N(\mu_S, \sigma_S)$，故 $Z = R - S$ 服从 $N(\mu_Z, \sigma_Z)$。其中，$\mu_Z = \mu_R - \mu_S$，$\sigma_Z = \sqrt{\sigma_R^2 + \sigma_S^2}$。因而，$(Z - \mu_Z)/\sigma_Z$ 服从标准正态分布 $N(0,1)$，故式(3-20) 可写为

$$\begin{aligned} P_f &= F_Z(0) = \Phi\left(-\frac{\mu_Z}{\sigma_Z}\right) = 1 - \Phi\left(\frac{\mu_Z}{\sigma_Z}\right) \\ &= 1 - \Phi\left(\frac{\mu_R - \mu_S}{\sqrt{\sigma_R^2 + \sigma_S^2}}\right) = \Phi\left(-\frac{\mu_R - \mu_S}{\sqrt{\sigma_R^2 + \sigma_S^2}}\right) \end{aligned} \quad (3\text{-}34)$$

$$P_s = 1 - P_f = \Phi\left(\frac{\mu_Z}{\sigma_Z}\right) = \Phi\left(\frac{\mu_R - \mu_S}{\sqrt{\sigma_R^2 + \sigma_S^2}}\right) \quad (3\text{-}35)$$

比值 μ_Z/σ_Z 称为可靠指标，以 β 表示，即

$$\beta = \frac{\mu_Z}{\sigma_Z} \quad (3\text{-}36)$$

由式(3-35)、式(3-36) 可见，β 与 P_f 及 P_s 存在一一对应关系。表 3-1 给出了 β 与 P_f 的对应关系。β 与 P_f 的关系也可用图 3-7 表示。

表 3-1 可靠指标 β 与失效概率 P_f 的关系

β	0	0.67	1.00	1.28	1.65	2.33	3.10	3.70	4.25
P_f	0.50	0.25	0.16	0.10	0.05	0.01	10^{-3}	10^{-4}	10^{-5}

由于功能函数(或安全裕度)Z 的均值为 μ_Z，标准差为 σ_Z，根据 $\beta = \mu_Z/\sigma_Z$，故均值距坐标原点的距离为 $\beta\sigma_Z$。Z 的概率密度函数落在原点左边的阴影部分面积，即为 P_f 值。

由定义可知，β 是反映 $f_R(r)$ 和 $f_S(s)$ 的相对位置 $\mu_Z = \mu_R - \mu_S$ 及离散程度 $\sigma_Z =$

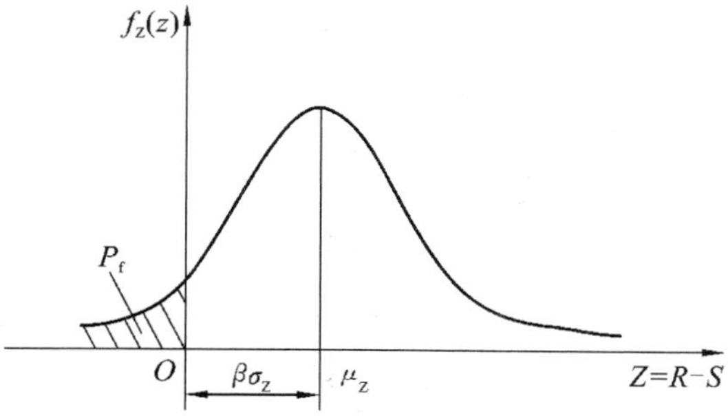

图 3-7　β 与 P_f 的关系

$(\sigma_R^2+\sigma_S^2)^{1/2}$ 的一个量，因而它能更全面地反映影响结构可靠性各种主要因素的变异性，这是传统的安全系数不能达到的。当 Z 的均值 μ_Z 增加或标准差 σ_Z 减小时，均使 β 值增加、P_f 值降低。也就是说，结构抗力效应均值的加大、荷载效应均值的减小、结构抗力与荷载效应变异性的减小，均可使结构可靠指标增加，使结构失效概率减小，与实际相符合。所以，用 β 评价结构的可靠性，比用安全系数更科学，更合理。

上述可靠指标 β 是在 R 与 S 服从正态分布的条件下建立的，如果 R 与 S 不服从正态分布，它们不再精确成立，但通常仍能给出比较好的结果。实际上，当 $P_f \geqslant 0.001$（或 $\beta \leqslant 3.0902$）时，P_f 的计算结果对 Z 的分布形式不敏感，因而可以不考虑 R 与 S 的实际分布类型，计算可以大为简化，也能满足工程上的精度要求。

3.5.2　可靠指标 β 的几何意义

为简单起见，仍以具有两个统计独立的正态随机变量 R 和 S 的二维情况进行讨论。它们的均值与标准差分别为 μ_R、μ_S 及 σ_R、σ_S。极限状态方程为

$$Z = R - S = 0 \tag{3-37}$$

将 R 与 S 作标准化变换，即映射到标准化坐标中，标准化变量分别为

$$\begin{cases} U_R = (R-\mu_R)/\sigma_R \\ U_S = (S-\mu_S)/\sigma_S \end{cases} \tag{3-38}$$

由此可得

$$\begin{cases} R = \sigma_R U_R + \mu_R \\ S = \sigma_S U_S + \mu_S \end{cases} \tag{3-39}$$

将式(3-39)代入 $Z = R - S = 0$，可得极限状态方程为

$$\sigma_R U_R - \sigma_S U_S + \mu_R - \mu_S = 0 \tag{3-40}$$

其中，θ_{U_R} 表示 OP 到 U_R 轴的夹角，θ_{U_S} 表示 OP 到 U_S 轴的夹角（图 3-8），将其用直角坐标系中直线的法线式表示

$$U_R\cos\theta_{U_R} + U_S\cos\theta_{U_S} - \overline{OP} = 0 \tag{3-41}$$

法线 $\overline{OP}$ 与各坐标向量的方向余弦为

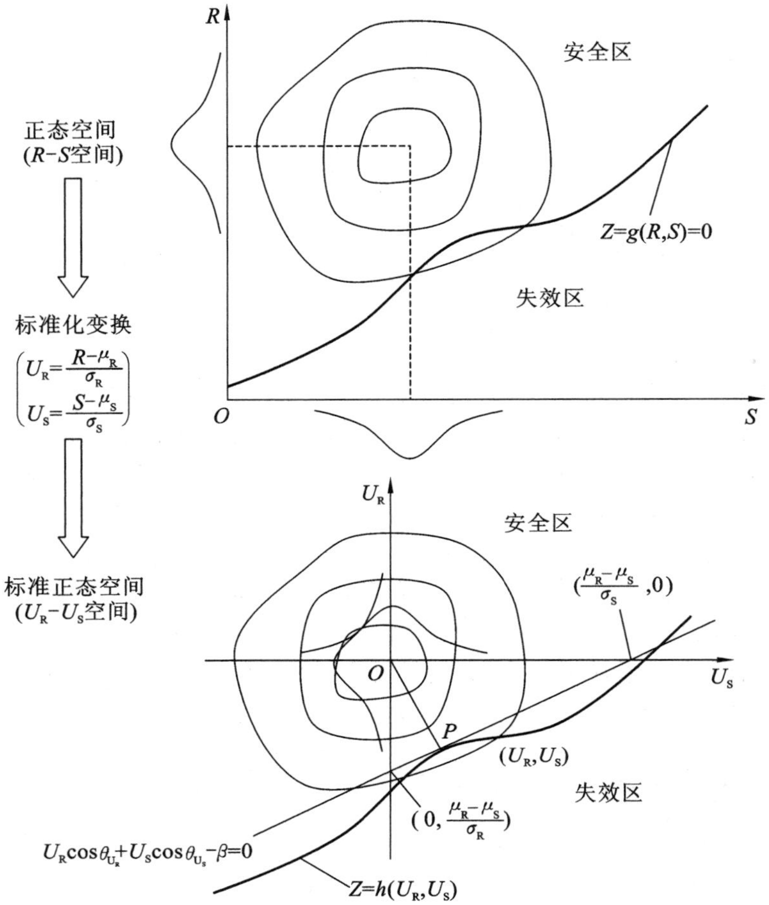

图 3-8　R 与 S 标准化变换

$$
\begin{cases}
\cos\theta_{U_R} = \dfrac{\sigma_R}{\sqrt{\sigma_R^2+\sigma_S^2}} \\
\cos\theta_{U_S} = \dfrac{\sigma_S}{\sqrt{\sigma_R^2+\sigma_S^2}}
\end{cases}
\tag{3-42}
$$

将式(3-40)中各项均除以 $-\sqrt{\sigma_R^2+\sigma_S^2}$，并考虑式(3-42)的关系，可得

$$
U_R\cos\theta_{U_R}+U_S\cos\theta_{U_S}-\frac{\mu_R+\mu_S}{\sqrt{\sigma_R^2+\sigma_S^2}}=0 \tag{3-43}
$$

比较式(3-41)与式(3-43)，可知

$$
\overline{OP}=\frac{\mu_R+\mu_S}{\sqrt{\sigma_R^2+\sigma_S^2}}=\beta \tag{3-44}
$$

由此可知，在标准化坐标系中，β 的几何意义是原点至失效界面的垂直距离（最短距离）。图 3-8 描述了上述变换的过程，其中 P 点称为设计验算点。

3.6　求可靠指标 β 的方法

上节讨论了 R 与 S 服从正态分布这一简单情况下的结构可靠指标 β 的计算公式。实际上，正态分布难以描述各种抗力效应和荷载的概率分布。例如，强度不会出现正态分布中的负值。下面讨论抗力效应 R 与荷载效应 S 互相独立，并均服从对数正态分布情况下的可靠指标 β 的公式。

结构失效时 $Z=R-S=0$，即 $R/S<1$，取对数 $\ln(R/S)<\ln 1=0$，定义 $Z=\ln(R/S)<0$ 时结构失效。按前面的推导，$\ln R$ 与 $\ln S$ 相互独立且均服从正态分布。所以，有

$$\mu_Z=\mu_{\ln R}-\mu_{\ln S} \tag{3-45}$$

$$\sigma_Z=\sqrt{\sigma_{\ln R}^2+\sigma_{\ln S}^2} \tag{3-46}$$

$$\beta=\frac{\mu_Z}{\sigma_Z}=\frac{\mu_{\ln R}-\mu_{\ln S}}{\sqrt{\sigma_{\ln R}^2+\sigma_{\ln S}^2}} \tag{3-47}$$

按对数正态分布的性质，设 R 与 S 的变异系数分别为 CV_{R} 和 CV_{S}，则有

$$\sigma_{\mathrm{R}}^2=\mu_{\mathrm{R}}^2\left[\exp(\sigma_{\ln R}^2)-1\right] \tag{3-48}$$

$$CV_{\mathrm{R}}^2=\frac{\sigma_{\mathrm{R}}^2}{\mu_{\mathrm{R}}^2}=\exp(\sigma_{\ln R}^2)-1 \tag{3-49}$$

可得

$$\sigma_{\ln R}^2=\ln(1+CV_{\mathrm{R}}^2) \tag{3-50}$$

同理，有

$$\sigma_{\ln S}^2=\ln(1+CV_{\mathrm{S}}^2) \tag{3-51}$$

由 $\mu_{\mathrm{R}}=\exp\left(\mu_{\ln R}+\frac{1}{2}\sigma_{\ln R}^2\right)$ 两边取对数，可得

$$\ln\mu_{\mathrm{R}}=\mu_{\ln R}+\frac{1}{2}\sigma_{\ln R}^2 \tag{3-52}$$

于是可得

$$\begin{aligned}\mu_{\ln R}&=\ln\mu_{\mathrm{R}}-\frac{1}{2}\sigma_{\ln R}^2\\&=\ln\mu_{\mathrm{R}}-\ln(1+CV_{\mathrm{R}}^2)^{1/2}\end{aligned} \tag{3-53}$$

同理，有

$$\mu_{\ln S}=\ln\mu_{\mathrm{S}}-\ln(1+CV_{\mathrm{S}}^2)^{1/2} \tag{3-54}$$

由此得

$$\begin{aligned}\beta&=\frac{\mu_Z}{\sigma_Z}=\frac{\mu_{\ln R}-\mu_{\ln S}}{\sqrt{\sigma_{\ln R}^2+\sigma_{\ln S}^2}}\\&=\frac{\ln\left[\frac{\mu_{\mathrm{R}}}{\mu_{\mathrm{S}}}\left(\frac{1+CV_{\mathrm{S}}^2}{1+CV_{\mathrm{R}}^2}\right)^{1/2}\right]}{\sqrt{\ln(1+CV_{\mathrm{R}}^2)+\ln(1+CV_{\mathrm{S}}^2)}}\end{aligned} \tag{3-55}$$

进而可以按 $P_{\mathrm{f}}=1-\Phi(\beta)$ 确定 R 与 S 均服从对数正态分布下的结构失效概率。

当 CV_{R} 和 CV_{S} 均较小时，如均小于 0.3 时，式(3-55) 可进一步简化为

$$\beta \approx \frac{\ln\left(\frac{\mu_R}{\mu_S}\right)}{\sqrt{CV_R^2 + CV_S^2}} \tag{3-56}$$

在基于可靠性理论的结构设计中，β 具有十分重要的意义。目前，各国有关部门的设计规范普遍采用了结构可靠指标的概念，并把目标可靠指标 β 作为结构设计的依据。

【例 3-2】 已知某构件截面强度计算的极限状态方程为 $Z = g(R, S) = R - S = 0$，R、S 相互独立，且 $\mu_R = 1500$，$\sigma_R = 120$，$\mu_S = 750$，$\sigma_S = 150$。求下列两种情况下的可靠指标：①R、S 均服从正态分布；②R、S 均服从对数正态分布。

解：① 由式(3-47)知

$$\beta = \frac{\mu_R - \mu_S}{\sqrt{\sigma_R^2 + \sigma_S^2}} = \frac{1500 - 750}{\sqrt{120^2 + 150^2}} = 3.90$$

② 由式(3-55)知($\delta_S = \sigma_S/\mu_S = 0.20$，$\delta_R = \sigma_R/\mu_R = 0.08$)

$$\begin{aligned}\beta &= \ln\left(\frac{\mu_R}{\mu_S}\sqrt{\frac{1+\delta_S^2}{1+\delta_R^2}}\right) \Big/ \sqrt{\ln[(1+\delta_S^2)(1+\delta_R^2)]} \\ &= \ln\left(\frac{1500}{750}\sqrt{\frac{1+0.20^2}{1+0.08^2}}\right) \Big/ \sqrt{\ln[(1+0.20^2)(1+0.08^2)]} \\ &= 3.32\end{aligned}$$

直接代入式(3-56)的简化公式，得相对误差为$(3.32 - 3.22)/3.32 = 3.0\% < 5\%$。

从计算结果可以看出，当 β 较大时，R、S 的分布类型对 β 值的计算结果相当敏感。因此，在实际工程中，正确估计它们的概率分布对结构可靠性分析具有重要意义。

【例 3-3】 设某结构如图 3-9 所示的超静定结构，作用有均布荷载 q，跨长为 l，极限弯矩(抗力)为 M_p。假定 M_p、q、l 相互独立且服从对数正态分布，已知 $\mu_q = 2$ kN/m，$\sigma_q = 0.2$ kN/m；$\mu_l = 4$ m，$\sigma_l = 0.4$ m；μ_{M_p} 未知，$\sigma_{M_p} = 0.1\mu_{M_p}$。求满足 $\beta = 2.5$ 时的 μ_{M_p} 值。

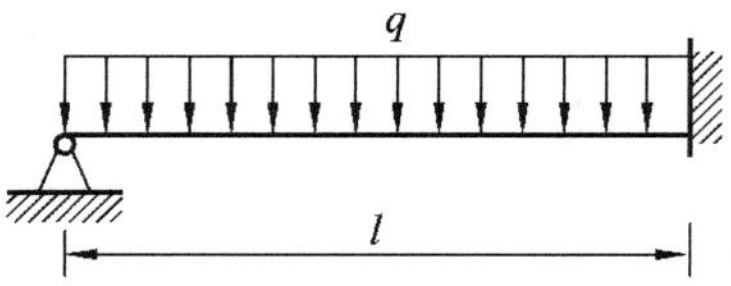

图 3-9　均布荷载作用的超静定结构

解：由材料力学知，最大弯矩为

$$M = M_{max} = \frac{9}{128}ql^2$$

结构的功能函数为

$$\begin{aligned}Z &= \ln M_p - \ln M \\ &= \ln M_p - \ln\left(\frac{9}{128}ql^2\right) = \ln M_p - \ln\frac{9}{128} - \ln q - 2\ln l\end{aligned}$$

由于 M_p、q、l 服从对数正态分布，所以 Z 服从正态分布，其均值和方差分别为

$$\begin{aligned}\mu_Z &= \mu_{\ln M_p} - \mu_{\ln q} - 2\mu_{\ln l} + 2.6548 \\ &= \ln\mu_{M_p} - 0.8109\end{aligned}$$

$$\sigma_Z^2 = \sigma_{\ln M_p}^2 + \sigma_{\ln q}^2 + 4\sigma_{\ln l}^2$$

$$= \ln(1+\delta_{M_p}^2) + \ln(1+\delta_{M_q}^2) + 4\ln(1+\delta_{M_l}^2) = 0.0597$$

由 $\beta = \dfrac{\mu_Z}{\sigma_Z} = \dfrac{\ln\mu_{M_p} - 0.8109}{\sqrt{0.0597}} = 2.5$ 得

$$\mu_{M_p} = 4.1443\ \mathrm{kN \cdot m}$$

3.7　结构可靠性分析中不确定性分类

在结构中存在着大量的不确定性因素和信息，它们直接影响着结构的可靠性，是结构可靠性研究的基础。从目前情况看，结构工程中的不确定性大致可以分为以下几个方面：

（1）随机性

所谓随机性，是由于事件发生的条件不充分，使得在条件与时间之间不能出现必然的因果关系，从而导致事件出现的不确定性，这种不确定性称为随机性。例如，我们逐年观测同一地区同一月份的平均气温。平均气温与许多因素有关，如风向、风力及空气湿度等，这些因素是逐年变化的，因此平均气温也就逐年不一样。造成平均气温不同的因素虽然还可以断定，但产生这些因素的根源却往往是不可能确定的（条件不充分），以致我们并不能确切地预报温度数值（平均温度的大小是随机的）。又如，混凝土试块的强度试验，事先不能决定该试块出现什么强度数值，是随机的，但一经试验，这次试验的强度值就明确而不含糊，等等。研究这种随机性的数学方法主要有概率论、随机过程和数理统计。

（2）模糊性

所谓模糊性，是由于概念本身没有明确的外延，即概念的定义和语言意义不明确，一个对象是否属于某一概念是难以判定的，这种由于概念边界划分标准的模糊不清而产生的不确定性称为模糊性。例如，“高与矮”“冷与热”“好与坏” 等都难以客观明确地划定界限。又如工程结构中的“耐久与不耐久”“适用与不适用”“破损严重与不严重” 等。研究这种模糊性的数学方法主要是 1965 年美国自动控制学专家查德（L. A. Zadeh）教授创立的模糊数学。

（3）灰色性

灰色性又称事物知识的不完备性。它是由于人类认识上的局限性而造成的。例如人体的某些外形参数（如身高、体重等），以及某些内部参数（如血压、脉搏等）是已知的，但有更多的信息是未知的。又如地震，准确判断何时何地发生地震，在现代的科学技术下是做不到的；但是地震发生后的震级或烈度，人们还是可以评定的，等等。在结构工程中，知识的不完善性包括两个方面：一是客观信息的不完善性，如由于客观条件限制而造成的统计资料、信息不充足，从而导致判断结论的不确定性；二是人类主观知识的不完备性，如由于科学技术水平的限制，人们还没有认识到某些对结构可靠性有重要影响的因素，或者对某些因素之间的相互作用机理不能完全掌握等。研究和处理这种不确定性的数学方法主要有灰色系统理论和一些经验方法，如经验参数法、主观概率法。

（4）区间性

在实际工程中，有时会因样本的数据缺乏导致所提供的信息不能满足上述随机性或者模糊性的要求。唯一能确定的是这些数据信息的边界，也就是区间的上下限。这种不确定性在工程结构中体现在许多方面，如结构受外界荷载的大小、结构的尺寸误差、结构位移的大小等。当掌握的样本信息不足时，可采用有界性的凸集合模型等解决。

以上关于不确定性的分类方法可视所研究对象的不同灵活采用。在结构可靠性理论中，一般以第一种分类方法为主，其中又以随机性为研究重点。

按结构工程中不确定性产生的原因不同，还可把不确定性分为：① 自然因素的不确定性，如风荷载、雪荷载、波浪力、温度、湿度等；② 技术因素的不确定性，如结构的材料性能、构件几何尺寸、钢筋位置等；③ 社会因素的不确定性，如政策的变化、经济发展以及科学技术发展等引起的荷载变化等。

3.8　结构体系可靠性分析模型

建筑结构是由若干构件相互连接而成的几何不变体系，它的性能取决于结构中构件性能及构件的组成情况两个方面。

影响结构体系可靠性的因素很多，它涉及结构组成、材料性质及荷载情况等。对于静定结构，某构件失效就等于整个体系失效。对于超静定结构则不然，其中一个或几个构件失效，未必导致整个体系失效。因为超静定体系失效问题还与体系的构造及破坏性质有关。如果是脆性破坏，某构件失效后，结构不再承受荷载；但若是延性破坏，某构件失效后，结构仍可承担相当于屈服时的相应荷载，并在构件间产生内力重分布，直至构件中出现了足够多的构件或截面破坏，使之成为机动体系，结构即失效。这就是结构失效的机构理论，是进行结构体系可靠度分析和结构体系可靠性评价的基础。

对于一个结构体系来说，它的组成构件的脆性或延性对结构体系的破坏形态和结构体系的可靠性至关重要。若一个构件在失效之后便不再起作用，即由于失效便完全失去了承载力，则称该构件是完全脆性的，如由脆性材料制成的拉杆因受拉而失效（断裂）；或者当构件的挠度很大，以至于对于给定荷载，该构件已不起作用，那么将这类构件看作是完全脆性构件是合适的。若构件在失效后仍能保持其荷载水平，则称为完全延性的。

在结构体系可靠度分析中，对于静定结构，由于任一构件失效会导致整个结构失效；因此，其可靠度分析方法一般不会因材料性质不同而带来任何复杂性。对于超静定结构则不同，由于某一构件的失效将导致内力的重分布，而这种重分布与体系变形情况以及构件性质有关；因此，其可靠度分析方法一般随材料性质的不同而有所不同。

对于复杂的结构系统进行可靠性预测，通常需要把结构模型化为基本的结构系统。下面介绍三种基本结构系统。

3.8.1　串联结构系统

如果一个结构系统的所有构件（或子系统）都相互关联，当其中某一构件（或子系统）失效时会导致整个结构系统失效，这种结构系统称为串联结构系统。图 3-10(a) 所示的静定桁架是典型的串联结构系统，图 3-10(b) 与图 3-10(c) 所示的是分别由构件 8、构件 20 失效而引起结构系统失效的情况。

由 n 个构件组成的串联结构系统可用图 3-11 表示。

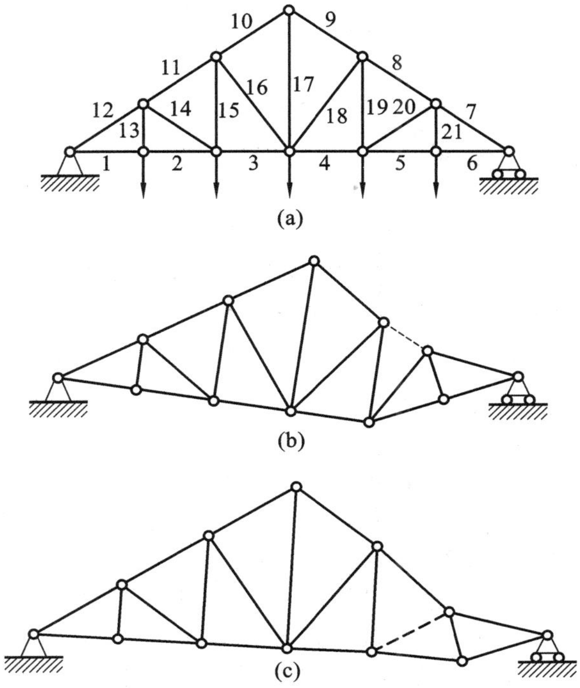

图 3-10　串联结构系统

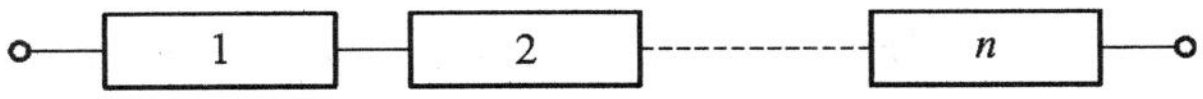

图 3-11　串联结构系统逻辑图

设构件 i 上的荷载效应为 S_i，构件的抗力为 R_i，则构件的安全域

$$Z_i = R_i - S_i \tag{3-57}$$

于是构件 i 的失效概率

$$P_{f_i} = P(Z_i = R_i - S_i \leqslant 0) \tag{3-58}$$

结构系统的失效概率可用下述方法定义：

设构件 i 的失效事件为 F_i，即

$$F_i = (Z_i \leqslant 0) = (R_i - S_i \leqslant 0) \tag{3-59}$$

对于串联结构系统，由于不论哪个构件失效，都会引起整个结构系统失效，所以结构系统失效的事件 F，可用下式定义：

$$F = F_1 \cup F_2 \cup \cdots \cup F_n = \bigcup_{i=1}^{n} F_i \tag{3-60}$$

而当所有结构都处于正常状态时，结构系统不会失效。所以，结构系统不失效的事件 $\overline{F}$ 可用下式定义：

$$\overline{F} = \overline{F_1} \cap \overline{F_2} \cap \cdots \cap \overline{F_n} = \bigcap_{i=1}^{n} \overline{F_i} \tag{3-61}$$

于是结构系统的失效概率 P_f 和可靠度 P_s 可用下式给出：

$$P_f = P(F) = P(\bigcup_{i=1}^{n} F_i) \tag{3-62}$$

$$P_s = P(\overline{F}) = P(\bigcap_{i=1}^{n} \overline{F_i}) \tag{3-63}$$

当每个构件的可靠度 P_s已知时，则

$$P_s = \prod_{i=1}^{n} P_{s_i} \tag{3-64}$$

由式(3-64) 不难看出，当组成结构系统的构件增加时，一个串联结构系统的可靠度将随之下降。故而任何复杂的工程结构都不应做成具有串联结构特征的静定结构，而应做成具有适当冗余度的超静定结构。

3.8.2 并联结构系统

并联结构系统与串联结构系统不同，当 n 个构件组成一个并联系统时，只要有一个构件完好无损，整个系统就能继续工作。也就是说，如果一个结构系统仅当所有构件(或子系统)都失效时系统才失效，这种结构系统称为并联结构系统。

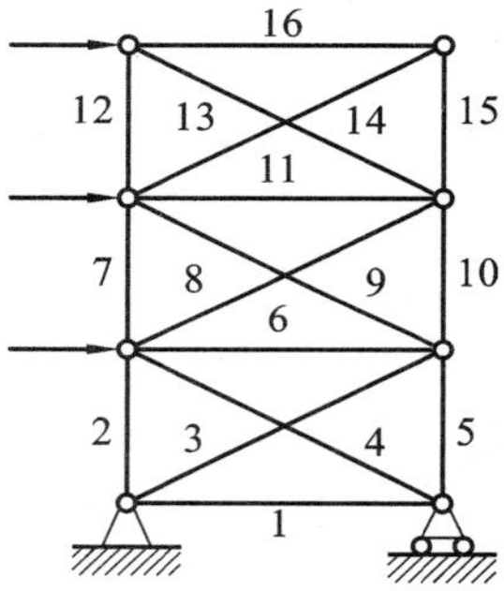

图 3-12 超静定桁架

超静定结构就是具有这种安全效应的结构系统。当某个构件以任何失效模式失效后，系统的内力将重新分配，整个结构系统还能继续工作。这种构件失效及内力重分配的过程一直延续到有相当数量的构件失效后，整个结构系统才失效。失效构件的集合称为失效形式。

图 3-12 所示的超静定桁架就是一种并联结构体系。图 3-13(a) 所示的失效形式是由构件 3 和构件 5 失效产生的，它可以模型化为图 3-14 所示的并联子系统。实际上，失效形式与构件失效的顺序有关。即首先是构件 3 失效，内力重新分配后，接着是构件 5 失效的情况；或者首先是构件5失效然后是构件3失效的情况。一般来讲，二者发生的概率是不同的。

一个超静定结构在一种失效模式下具有多种失效形式(失效构件组合)，而对于每一种失效形式，失效构件又含有不同的失效顺序(失效路径)。因此，在进行可靠性分析时，必须综合考虑上述情况。由于超静定结构可以模型化为由许多并联子系统组成的结构系统，而每一个子系统只有在全部构件失效时才失效。所以这种结构系统的失效，对构件是全延性的还是全脆性的有强烈的依赖关系。

图 3-15 所示为由 n 个构件或子系统组成的并联系统，设构件 f 的失效事件为 F_i，则系统失效的事件 F 可由下式定义：

$$F = F_1 \cap F_2 \cap \cdots \cap F_i \cap \cdots \cap F_n = \bigcap_{i=1}^{n} F_i \tag{3-65}$$

非失效事件为

$$\overline{F} = \overline{F_1} \cup \overline{F_2} \cup \cdots \cup \overline{F_i} \cup \cdots \cup \overline{F_n} = \bigcup_{i=1}^{n} \overline{F_i} \tag{3-66}$$

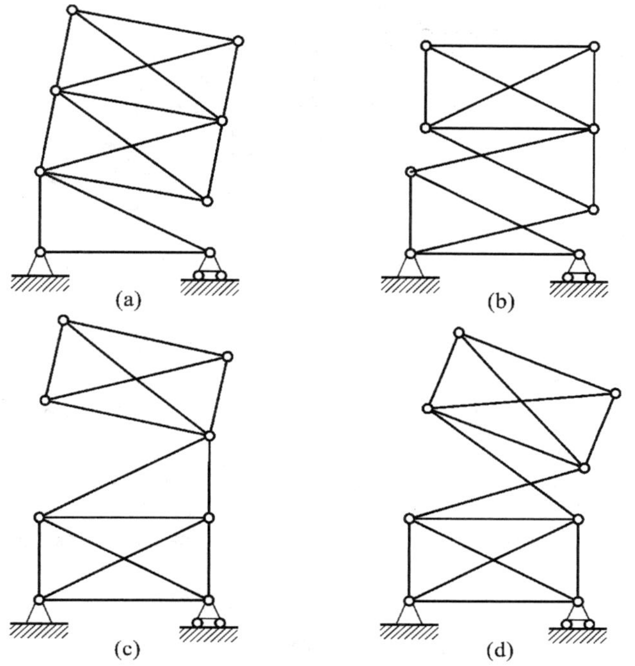

图 3-13　失效形式

(a) 由构件 3、5 失效而产生的失效形式；(b) 由构件 5、6、7 失效而产生的失效形式；(c) 由构件 7、9 失效而产生的失效形式；(d) 由构件 7、10 失效而产生的失效形式

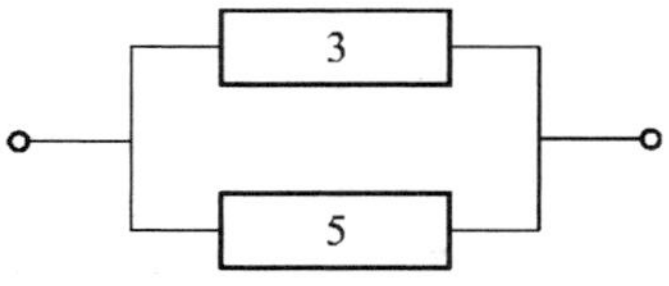

图 3-14　并联子系统

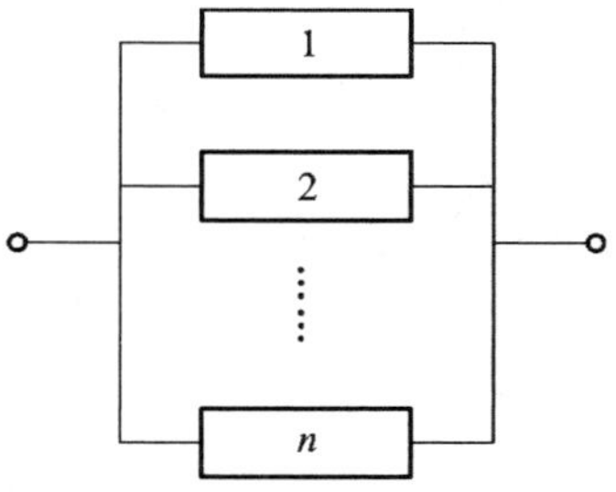

图 3-15　并联系统

所以并联系统的失效概率 P_f 和可靠度 P_s 可用下式计算

$$P_f = P(F) = P(\bigcap_{i=1}^{n} F_i) \tag{3-67}$$

$$P_s = P(\overline{F}) = P(\bigcup_{i=1}^{n} \overline{F_i}) \tag{3-68}$$

设每个构件可靠度为 P_{s_i}，则系统的可靠性为

$$P_s = 1 - \prod_{i=1}^{n}(1 - P_{s_i}) \tag{3-69}$$

由式(3-69)可以看出，把 n 个构件组成的串联系统增加若干个并联结构后，系统的可靠度大大增加。

3.8.3　串联-并联组合结构系统

一个复杂的实际结构系统，既不应设计成静定的串联结构，也不能设计成一个完全的并联结构系统，而应设计成一个串联-并联组合系统。也就是说，实际的结构系统都是具有若干冗余度的超静定串联-并联组合系统。串联-并联组合系统的形式大致有如下几种。

（1）串联-并联系统

这种系统是将由构件并联组成的子系统加以串联，组成复合系统，如图 3-16 所示。

（2）并联-串联系统

这种系统是将由构件串联组成的子系统加以并联，组成复合系统，如图 3-17 所示。

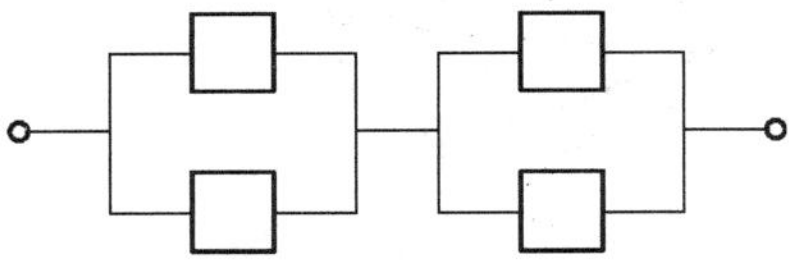

图 3-16　串联-并联系统

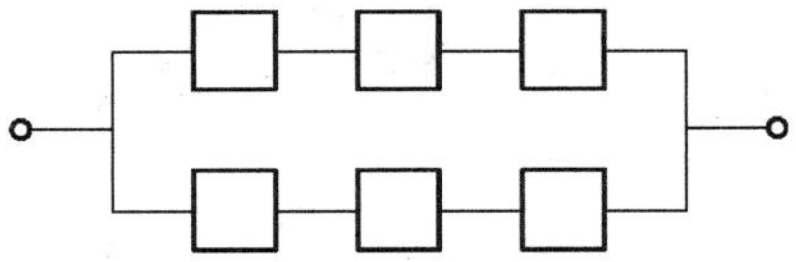

图 3-17　并联-串联系统

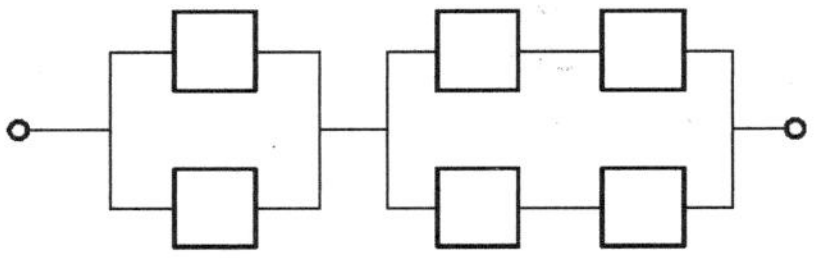

图 3-18　混合并联系统

（3）混合并联系统

这种混合系统如图 3-18 所示。

如果一个复合系统具有 n 个构件、m 个平行通路，且每一构件的可靠度为 P_{s_i}，则并联-串联系统的可靠度为

$$P_s = 1-(1-P_{s_i}^n)^m \tag{3-70}$$

而具有 n 个串联子系统、每一子系统有 m 个并联构件的串联-并联系统，其可靠度为

$$P_s = [1-(1-P_{s_i})^n]^m \tag{3-71}$$

在实际结构可靠性分析中，如何把结构模型简化为基本结构系统，对预测结构系统的可靠性是十分重要的。下面举例说明进行这种模型化处理的基本思路。

【例 3-4】　图 3-19 所示为一个三杆桁架，试建立其系统分析模型。

解：这是一个很简单的结构系统。很显然只有在杆 3 或杆件 1、2 全失效时，系统才能失效。因此，此结构系统可理想化为串联-并联组合系统。

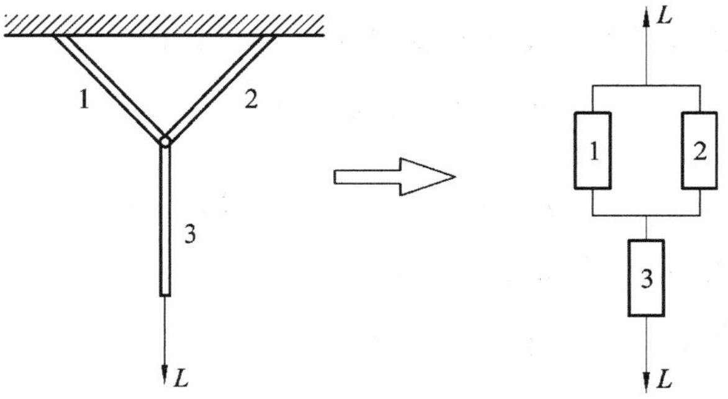

图 3-19　三杆桁架

【例 3-5】 对于图 3-12 给出的超静定桁架，建立其系统可靠性分析模型。

解：如图 3-13 所示，此结构系统具有多种失效形式，图中只给出了 4 种。它可以理想化为图 3-20 所示的串联-并联组合系统。

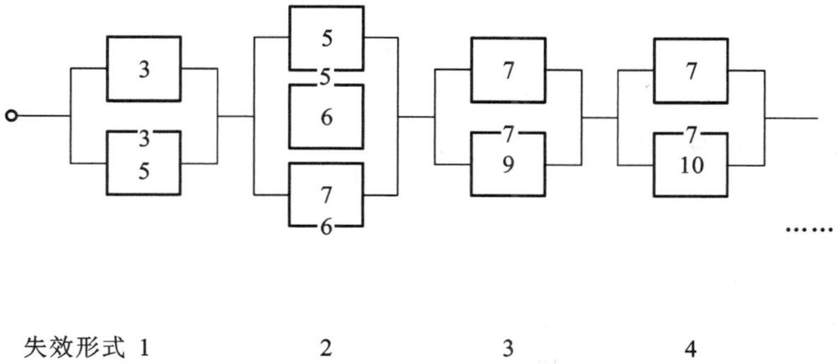

图 3-20　串联-并联组合系统

本章参考文献

[1] 中华人民共和国住房和城乡建设部. 建筑结构可靠性设计统一标准：GB 50068—2018[S]. 北京：中国建筑工业出版社，2019.

[2] 胡云昌，郭振邦. 结构系统可靠性分析原理及应用[M]. 天津：天津大学出版社，1992.

[3] 李清富，高健磊，乐金朝，等. 工程结构可靠性原理[M]. 郑州：黄河水利出版社，1999.

4 可靠性理论和方法

4.1 一次二阶矩法

一次二阶矩法在土木结构可靠性领域得到了广泛的应用，且经过几十年的研究发展已经成为世界各国结构安全标准和规范的基础。

一次二阶矩法又称 FORM(First Order Reliability Method)。该方法的特点是只需考虑结构功能函数泰勒级数的线性项及基本随机变量 $X_i(i=1,2,\cdots,n)$ 的一阶矩和二阶矩。

常见的一次二阶矩法有均值点法、验算点法、映射变换法、实用分析法等。

4.1.1 均值点法

均值点法是结构可靠度研究初期提出的一种方法。它的基本思想是在随机变量的均值点处将非线性功能函数作泰勒级数展开并保留至一次项，并假设随机变量相互独立，这样可近似计算功能函数的平均值和标准差。

均值点法的具体步骤如下：

① 将功能函数 $g(X_1,X_2,\cdots,X_n)$ 在随机变量均值点处 $\mu_{X_i}(i=1,2,\cdots,n)$ 展开为泰勒级数并保留至一次项，即

$$Z=g(\mu_{X_1},\mu_{X_2},\cdots,\mu_{X_n})+\sum_{i=1}^{n}\left(\frac{\partial g}{\partial X_i}\right)_{\mu}(X_i-\mu_{X_i}) \tag{4-1}$$

② 计算功能函数均值和方差

$$\mu_Z=E(Z)=g(\mu_{X_1},\mu_{X_2},\cdots,\mu_{X_n}) \tag{4-2}$$

$$\sigma_Z^2=E[Z-E(Z)]^2=\sum_{i=1}^{n}\left(\frac{\partial g}{\partial X_i}\right)_{\mu}^2\sigma_{X_i}^2 \tag{4-3}$$

③ 计算可靠指标 β

$$\beta=\frac{\mu_Z}{\sigma_Z} \tag{4-4}$$

或

$$\beta=\frac{g(\mu_{X_1},\mu_{X_2},\cdots,\mu_{X_n})}{\sqrt{\sum_{i=1}^{n}\left(\frac{\partial g}{\partial X_i}\right)_{\mu}^2\sigma_{X_i}^2}} \tag{4-5}$$

【例 4-1】 设极限状态方程为 $Z=g(X_1,X_2)=\frac{\pi}{4}X_1X_2^2-P=0$，$P=10^4$，$\mu_{X_1}=200$，$\sigma_{X_1}=40$，$\mu_{X_2}=25$，$\sigma_{X_2}=5$，求可靠指标 β。

解：

$$\frac{\partial g}{\partial X_1}=\frac{\pi}{4}\mu_{X_2}^2=\frac{\pi}{4}\times 25^2=490.87$$

$$\frac{\partial g}{\partial X_2}=\frac{\pi}{2}\mu_{X_1}\mu_{X_2}=\frac{\pi}{2}\times 200\times 25=7853.98$$

$$\mu_Z=\frac{\pi}{2}\times 200\times 25^2-10^4=186349.54$$

$$\sigma_Z=\sqrt{\left(\frac{\partial g}{\partial X_1}\sigma_{X_1}\right)^2+\left(\frac{\partial g}{\partial X_2}\sigma_{X_2}\right)^2}=43905.02$$

$$\beta=\frac{\mu_Z}{\sigma_Z}=4.244$$

$$P_f=\Phi(-\beta)=2.3825\times 10^{-5}$$

【例 4-2】　若将例 4-1 中极限状态方程改写为 $Z=X_1-\dfrac{4P}{\pi X_2^2}$，求可靠指标 β。

解：由 $\dfrac{\partial g}{\partial X_1}=1$，$\dfrac{\partial g}{\partial X_2}=\dfrac{8P}{\pi X_2^3}=1.6297$，那么有

$$\mu_Z=\mu_{X_1}-\frac{4P}{\pi\mu_{X_2}^2}=179.628$$

$$\sigma_Z=\sqrt{\left(\frac{\partial g}{\partial X_1}\sigma_{X_1}\right)^2+\left(\frac{\partial g}{\partial X_2}\sigma_{X_2}\right)^2}=899.030$$

$$\beta=\frac{\mu_Z}{\sigma_Z}=0.1998$$

$$P_f=\varphi(-\beta)=0.5683$$

可以发现，例 4-2 的结果与例 4-1 的明显不同。

均值点法的最大特点是计算方便，不需要进行过多的数值计算。但是均值点法存在着明显的不足：

① 力学意义相同、仅功能函数的数学表达形式不同，计算的结果可能不同；

② 当功能函数是非线性函数时，将它在随机变量的均值点处展开不合理，由于随机变量的均值点不在极限状态曲面上，展开后的功能函数可能会有较大误差；

③ 没有考虑随机变量的概率分布，仅适用于基本变量为正态分布或对数正态分布，极值 Ⅰ 型分布不适用。

由于均值点计算结果比较粗糙，一般只用于可靠度要求不高的情况。

4.1.2　验算点法

1974 年 Hasofer 和 Lind 对可靠指标进行了更加科学的定义，并引入了验算点的概念，使得二阶矩模式有了进一步的发展，同时解决了均值点法存在的主要问题。验算点法能够考虑非正态的随机变量，在计算工作量差不多的条件下，可对可靠指标 β 进行精度较高的近似计算，求得满足极限状态方程的"验算点"设计值，便于设计人员根据规范给出的标准值计算分项系数。可以用当量正态法将状态函数 $g(X)$ 变换到 $g'(\mu)$。此时，设计验算点 u^* 到坐标原点（$\mu=0$）的距离为坐标原点到极限状态曲面$[g(\mu)=0]$的最短距离 β。因为在 n 维空

间内，点($\mu_1,\mu_2,\cdots,\mu_n$)处联合概率分布密度函数 $\exp\{-0.5(\mu_1^2+\mu_2^2+\cdots+\mu_n^2)\}$ 与距离的平方成正比。因此，当距离取最小值时，概率密度为最大。验算点法算法步骤如下：

① 假定初始验算点

$$X_i^{*(0)}=(X_1^{*(0)},X_2^{*(0)},\cdots,X_n^{*(0)})\qquad(i=1,2,\cdots,n)\tag{4-6}$$

一般来说第一步取均值点进行计算：

$$X_i^{*(0)}=(\mu_{X_1},\mu_{X_2},\cdots,\mu_{X_n})\tag{4-7}$$

② 根据设计验算点，计算非正态随机变量的等效正态分布参数。

③ 计算可靠指标 β

$$\beta=\frac{g(X_1^*,X_2^*,\cdots,X_n^*)+\sum_{i=1}^{n}\left[-\left.\frac{\partial g}{\partial X_i}\right|_{p^*}(\mu_{X_i}-X_i^*)\right]}{\left[\sum_{i=1}^{n}\left(\left.\frac{\partial g}{\partial X_i}\right|_{p^*}\sigma_{X_i}\right)^2\right]^{\frac{1}{2}}}\tag{4-8}$$

其中，p^* 表示在设计验算点处取值。

④ 计算重要度系数 $\alpha_i=\cos\theta_{X_i}(i=1,2,\cdots,n)$

$$\alpha_i=\cos\theta_{X_i}=\frac{-\left.\frac{\partial g}{\partial X_i}\right|_{p^*}\sigma_{X_i}}{\left[\sum_{i=1}^{n}\left(\left.\frac{\partial g}{\partial X_i}\right|_{p^*}\sigma_{X_i}\right)^2\right]^{\frac{1}{2}}}\tag{4-9}$$

⑤ 计算新的验算点

$$X_i^*=\mu_{X_i}+\beta\sigma_{X_i}\cos\theta_{X_i}\qquad(i=1,2,\cdots,n)\tag{4-10}$$

⑥ 若 $|\beta_k-\beta_{k-1}|\leqslant\varepsilon$，停止迭代。否则，转 ② 用验算点继续迭代，直至满足精度要求。

在步骤 ② 中，等效正态分布是通过 Rackwits-Fiessler 算法实现。在设计验算点 x^* 处，当量函数正态分布函数与非正态函数相等。非正态随机变量的当量正态化如图 4-1 所示。

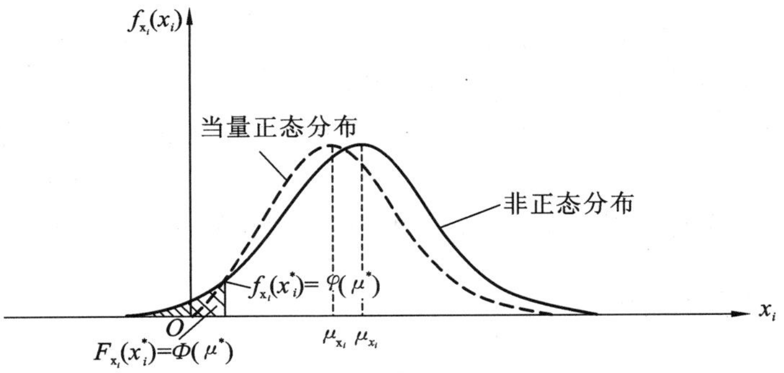

图 4-1　非正态随机变量的当量正态化

$$F_x(x^*)=\Phi(\mu^*)\tag{4-11}$$

$$f_x(x^*)=\frac{\varphi(\mu^*)}{\sigma_N}\tag{4-12}$$

其中

$$\mu^* = \frac{x^* - \mu_N}{\sigma_N} \tag{4-13}$$

参数 μ_N 和 σ_N 分别表示近似正态分布函数的均值和方差，$\varphi(*)$ 表示标准正态概率密度函数。

根据上面三个方程，可以推出近似的正态分布参数：

$$\sigma_N = \frac{\varphi\{\Phi^{-1}[F_x(x^*)]\}}{f_x(x^*)} \tag{4-14}$$

$$\mu_N = x^* - \Phi^{-1}[F_x(x^*)]\sigma_N \tag{4-15}$$

根据正态尾部近似原则，通过当量正态化得到的设计验算点和利用反变换得到的设计验算点相同。

在标准正态空间，验算点法的迭代如图 4-2 所示。

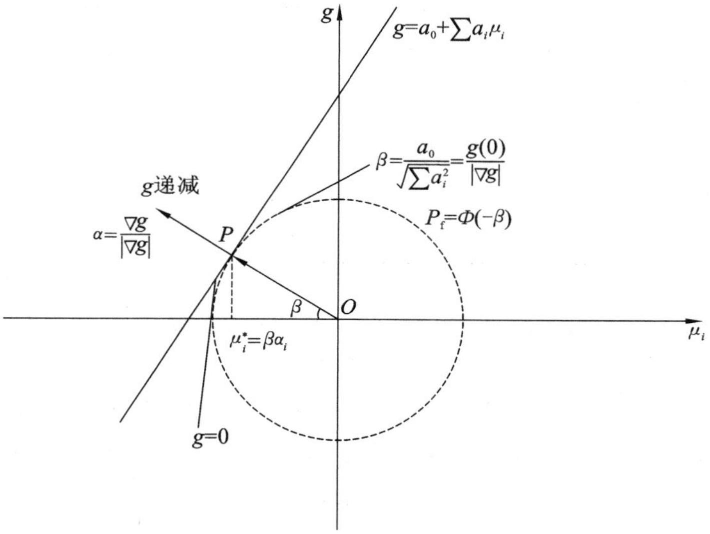

图 4-2 标准正态空间可靠指标和验算点

【例 4-3】 已知一段梁承受弯矩 M，材料的屈服极限为 S，其状态函数为 $Z = g(X) = SW - M$。设 M、W、S 等为非相关变量，且服从正态分布，其 $\mu_M = 112965120\ \text{N}\cdot\text{mm}$，$\sigma_M = 22593024\ \text{N}\cdot\text{mm}$；$\mu_S = 274.6\ \text{MPa}$，$\sigma_S = 34.3\ \text{MPa}$；$\mu_W = 8.2\times10^5\ \text{mm}^3$，$\sigma_W = 4.1\times10^4\ \text{mm}^3$，试求梁的可靠度。

解：根据计算步骤，设初始设计点 $p^* = (\mu_S, \mu_W, \mu_M)$，计算过程如表 4-1 所示。由于第二次迭代与第三次迭代的 β 计算结果相近，所以求得 $\beta \approx 3.036$，梁的可靠度 $R = \Phi(\beta) = 0.9988$。

表 4-1　算例 4-3 计算结果

迭代次序	变量	起始的 p^*	$\left.\frac{\partial g}{\partial X_i}\right\|_{p^*}\sigma_{X_i}$	计算 α_i	计算新的 p^*
1	S	274.6	28126000	−0.744	$274.6-25.5\beta$
	W	820000	11258600	−0.298	$820000-12218\beta$
	M	11296512	−2259302	0.598	$11296512+13510628\beta$
		$g(X)=\beta^2-1212\beta+359.6=0,\beta=3.04$(取最小值)			
2	S	197.08	26851995	−0.746	$274.6-25.588\beta$
	W	782857	8080280	−0.224	$820000-9184\beta$
	M	15403743	−2259302	0.627	$11296512+1416583\beta$
		$g(X)=\beta^2-160.29\beta+477.47=0,\beta=3.0363$(取最小值)			
3	S	196.907	27169510	−0.750	$274.6-25.71\beta$
	W	7921.14	8073187	−0.223	$820000-914.3\beta$
	M	15597687	−2259302	0.623	$11296512+14082622\beta$
		$g(X)=\beta^2-160.27\beta+477.32=0,\beta=3.036$(取最小值)			

4.1.3　映射变换法

上节介绍的验算点法(或称 JC 算法)是在验算点处将非正态随机变量等效为正态随机变量,若采用将非正态随机变量映射为正态随机变量的数学变换方法,亦可求得问题的解。

设 n 个相互独立的随机变量 $X_1,X_2,\cdots,X_n$,其概率分布函数为 $F_i(X_i)$,概率密度函数为 $f(X_i)(i=1,2,\cdots,n)$,其功能函数为

$$Z_X=g(X_1,X_2,\cdots,X_n) \tag{4-16}$$

作映射变换

$$F_i(X_i)=\Phi(Y_i)\qquad(i=1,2,\cdots,n) \tag{4-17}$$

则

$$\begin{cases}X_i=F_i^{-1}[\Phi(Y_i)]\\Y_i=\Phi^{-1}[F_i(X_i)]\end{cases} \tag{4-18}$$

其中,$F_i^{-1}(*)$、$\Phi^{-1}(*)$ 分别为 $F_i(*)$ 和 $\Phi(*)$ 的反函数,$Y_i(i=1,2,\cdots,n)$ 为标准正态随机变量。

将式(4-18)代入式(4-16),可得

$$Z_X=g\{F_1^{-1}[\Phi(Y_1)],F_2^{-1}[\Phi(Y_2)],\cdots,F_n^{-1}[\Phi(Y_n)]\}=g_1(Y_1,Y_2,\cdots,Y_n) \tag{4-19}$$

由于 Y_i 为标准正态随机变量($\mu_{Y_i}=0,\sigma_{Y_i}=1$),于是求 β 为

$$Y_i^*=\alpha_i\beta\qquad(i=1,2,\cdots,n) \tag{4-20}$$

$$\alpha_i = \frac{-\left.\dfrac{\partial g_1}{\partial Y_i}\right|_{p_Y^*}}{\sqrt{\sum_{i=1}^{n}\left(\left.\dfrac{\partial g_1}{\partial Y_i}\right|_{p_Y^*}\right)^2}} \quad (i=1,2,\cdots,n) \tag{4-21}$$

$$g_1(Y_1^*, Y_2^*, \cdots, Y_n^*) = 0 \tag{4-22}$$

其中，$\dfrac{\partial g_1}{\partial Y_i}$ 可由下式计算

$$\frac{\partial g_1}{\partial Y_i} = \frac{\partial g_1}{\partial X_i} \cdot \frac{\partial X_i}{\partial Y_i} \tag{4-23}$$

其中，$\dfrac{\partial g_1}{\partial X_i}$ 在验算点$(X_1^*, X_2^*, \cdots, X_n^*)$处计算，$\dfrac{\partial X_i}{\partial Y_i}$ 在验算点$(Y_1^*, Y_2^*, \cdots, Y_n^*)$处计算。

可靠性分析中常用的几种概率分布相关公式如下：

① X_i 服从正态分布

$$\begin{cases} X_i = \exp(\mu_{X_i} + Y_i \cdot \sigma_{\ln X_i}) \\ \dfrac{\partial X_i}{\partial Y_i} = \sigma_{X_i} \end{cases} \tag{4-24}$$

② X_i 服从对数正态分布

$$\begin{cases} X_i = \exp(\mu_{\ln X_i} + Y_i \cdot \sigma_{\ln X_i}) \\ \dfrac{\partial X_i}{\partial Y_i} = X_i \cdot \sigma_{\ln X_i} \end{cases} \tag{4-25}$$

其中

$$\begin{cases} \mu_{\ln X_i} = \ln\left(\dfrac{\mu_{X_i}}{\sqrt{1+V_{X_i}^2}}\right) \\ \sigma_{\ln X_i} = \sqrt{\ln(1+V_{X_i}^2)} \end{cases} \tag{4-26}$$

③ X_i 服从极值 Ⅰ 型分布

$$\begin{cases} X_i = u - \dfrac{\ln\{-\ln[\Phi(Y_i)]\}}{\alpha} \\ \dfrac{\partial X_i}{\partial Y_i} = -\dfrac{\varphi(Y_i)}{\alpha\Phi(Y_i)\ln[\Phi(Y_i)]} \end{cases} \tag{4-27}$$

其中

$$\begin{cases} u = \mu_{X_i} - 0.45\sigma_{X_i} \\ \alpha = \dfrac{\pi}{\sqrt{6}} \cdot \dfrac{1}{\sigma_{X_i}} \end{cases} \tag{4-28}$$

将此方法与验算点法计算过程对比来看，映射法少了当量正态化过程，多了映射变换过程，二者计算量相当，但数学上比当量正态法要严密。

【例 4-4】 某构件正截面强度计算的极限状态方程为 $Z=R-S=0$。已知 R 和 S 的均值和变异系数分别为 $\mu_R=100$，$V_R=0.15$；$\mu_S=100$，$V_S=0.18$。求下列两种情况的可靠指标 β 及设计验算点 r^* 和 s^*：

(1) R 服从对数正态分布，S 服从正态分布；

(2) R 服从对数正态分布，S 服从极值 Ⅰ 型分布。

解：(1) 功能函数的梯度为$\nabla \boldsymbol{g}(R,S) = (1,-1)^{\mathrm{T}}$

通过程序计算得：$\beta = 3.2061, r^{*} = 68.9950, s^{*} = 68.9950$。

(2) 通过程序计算得：$\beta = 2.8051, r^{*} = 79.3716, s^{*} = 79.3716$。

4.1.4 实用分析法

前述验算点法和映射变换法可以较好地计算构件可靠指标 β 值，但计算过程较烦琐，特别是当功能函数为随机变量的非线性函数且含有非正态分布随机变量时，须进行双重迭代，于是人们提出了一些简化的方法如实用分析法等，用来减少计算量，同时又具备较高的精度。

实用分析法的思想是将非正态变量 X_i 用当量正态变量 X'_i来代替，让它们对应于 P_f 或 $(1-P_f)$ 的分位值(X_i^f) 的条件，且要求二者的平均值 $\mu_{X'_i}$ 相等。

实用分析求解可靠指标 β 的迭代步骤如下：

① 设 β 的初值，计算 $P_f = \Phi(-\beta), 1 - P_f = 1 - \Phi(-\beta) = \Phi(\beta)$；

② 求 X_i^* 的初值；

③ 计算$\left.\dfrac{\partial g}{\partial X_i}\right|_{p^*}$ 值；

④ 若$\left.\dfrac{\partial g}{\partial X_i}\right|_{p^*} > 0, \beta_i^- = \dfrac{\mu_{X_i} - F_{X_i}^{-1}(P_f)}{\sigma_{X_i}}$； (4-29)

若$\left.\dfrac{\partial g}{\partial X_i}\right|_{p^*} < 0$，计算 $\beta_i^+ = \dfrac{\mu_{X_i} - F_{X_i}^{-1}(1 - P_f)}{\sigma_{X_i}}$； (4-30)

⑤ 计算 σ'_{X_i}

$$\sigma'_{X_i} = \frac{\beta^{\pm}}{\beta}\sigma_{X_i} \tag{4-31}$$

⑥ 计算 $\cos\theta'_{X_i}$

$$\cos\theta'_{X_i} = \frac{-\left.\dfrac{\partial g}{\partial X_i}\right|_{p^*}\sigma'_{X_i}}{\sqrt{\sum_{i=1}^{n}\left(\left.\dfrac{\partial g}{\partial X_i}\right|_{p^*}\sigma_{X'_i}\right)^2}} \tag{4-32}$$

⑦ 计算 X_i^*

$$X_i^* = \mu'_{X_i} + \beta\cos\theta_{X'_i}\sigma_{X'_i} \tag{4-33}$$

⑧ 由 $g(X_1^*, X_2^*, \cdots, X_n^*) = 0$ 解出 β_N，若 β_N 与原设的 β 相差很小，则停止迭代，否则令 $\beta = \beta_N$，重新迭代。

对于几种常见分布，β^- 与 β^+ 计算分别如下：

① 若 X_i 为正态分布

$$\beta_i^- = \beta_i^+ = \beta = \Phi^{-1}(1 - P_f) = -\Phi^{-1}(P_f) \tag{4-34}$$

② 若 X_i 为对数正态分布

$$\beta^- = \frac{1 - \exp\left(-\beta\sqrt{k} - \dfrac{k}{2}\right)}{V_{X_i}} \tag{4-35}$$

$$\beta^{+}=\frac{\exp\left(\beta\sqrt{k}-\frac{k}{2}\right)-1}{V_{X_i}} \tag{4-36}$$

其中

$$k=\ln(1+V_{X_i}^2)$$

③ 若 X_i 为极值 Ⅰ 型分布

$$\beta^{-}=\frac{\ln(-\ln P_f)+0.5772}{1.2825} \tag{4-37}$$

$$\beta^{+}=\frac{\ln[-\ln(1-P_f)]+0.5772}{1.2825} \tag{4-38}$$

【例 4-5】 某构件正截面强度计算的极限状态方程为 $Z=R-S=0$。已知 R 和 S 的均值和变异系数分别为 $\mu_R=100, V_R=0.15$；$\mu_S=100, V_S=0.18$。求下列两种情况的可靠指标 β 及设计验算点 r^* 和 s^*：

(1) R 服从对数正态分布，S 服从正态分布；

(2) R 服从对数正态分布，S 服从极值 Ⅰ 型分布。

解：(1) 按实用分析法计算步骤得

$$\beta=3.3428,\quad r^*=68.1024,\quad s^*=68.1024$$

(2) 按同样步骤，可得

$$\beta=3.7353,\quad r^*=76.5535,\quad s^*=75.5535$$

4.1.5　设计点法

与实用分析法相似，设计点法是一种效率较高的简便方法。

在 4.1.2 验算点法中，验算点向量可分为

$$\boldsymbol{X}^*=\boldsymbol{E}(\boldsymbol{X})+\beta\boldsymbol{S}_{\mathbf{X}}\cos\boldsymbol{\theta} \tag{4-39}$$

其中

$$\boldsymbol{E}(\boldsymbol{X})=\begin{bmatrix}E(X_1)\\E(X_2)\\\vdots\\E(X_n)\end{bmatrix} \tag{4-40}$$

$$\boldsymbol{S}_{\mathbf{X}}=\begin{bmatrix}\sigma_{X_1}&&&\\&\sigma_{X_2}&&\\&&\ddots&\\&&&\sigma_{X_n}\end{bmatrix} \tag{4-41}$$

$$\cos\boldsymbol{\theta}=\begin{bmatrix}\cos\theta_1\\\cos\theta_2\\\vdots\\\cos\theta_n\end{bmatrix} \tag{4-42}$$

式中　$\cos\theta_i$—— 标准正态空间中功能函数超平面法线对坐标轴的方向余弦。

按验算点法，上式中β、X^*均未知，须多次迭代方能确定，若用一定值来代替X^*，且使β计算结果的误差在允许范围内，则计算结果将大为简化。由于随机变量对于其数学期望的偏离程度比它关于任何值的偏离程度小，故以X^*的期望值来代替X^*，即

$$\overline{X}^* = E\boldsymbol{X}^* + \bar{\beta}\boldsymbol{S}\,\overline{\cos\boldsymbol{\theta}} \tag{4-43}$$

一般构件β的均值可以取3。

又

$$\overline{\cos\theta} = \frac{2}{\pi}\mathrm{sgn}(\cos\theta) = -\frac{2}{\pi}\mathrm{sgn}\,(\nabla\boldsymbol{g}\,|\,\boldsymbol{X})^{\mathrm{T}} \tag{4-44}$$

其中

$$(\nabla\boldsymbol{g}\,|\,\boldsymbol{X})^{\mathrm{T}} = \begin{bmatrix} \dfrac{\partial g}{\partial X_1} \\ \dfrac{\partial g}{\partial X_2} \\ \vdots \\ \dfrac{\partial g}{\partial X_n} \end{bmatrix} \tag{4-45}$$

故

$$\overline{X}^* = E\boldsymbol{X} - 3.3\boldsymbol{S}\frac{2}{\pi}\mathrm{sgn}(\nabla\boldsymbol{g}\,|\,\overline{\boldsymbol{X}}^*)^{\mathrm{T}} \approx E\boldsymbol{X} - 2\boldsymbol{S}\mathrm{sgn}(\nabla\boldsymbol{g}\,|\,\overline{\boldsymbol{X}}^*)^{\mathrm{T}} \tag{4-46}$$

于是有

$$\beta = \frac{g(\overline{X}^*) + 2(\nabla\boldsymbol{g}\,|\,\overline{\boldsymbol{X}}^*)\,|\begin{bmatrix}\sigma_{X_1}\\ \sigma_{X_2}\\ \vdots \\ \sigma_{X_n}\end{bmatrix}}{\sqrt{(\nabla\boldsymbol{g}\,|\,\boldsymbol{X}^*)\,\boldsymbol{S}_{\mathrm{X}}\,\boldsymbol{S}_{\mathrm{X}}\,(\nabla\boldsymbol{g}\,|\,\boldsymbol{X}^*)^{\mathrm{T}}}} \tag{4-47}$$

显然上式可以方便地计算出验算点$\overline{X}^*$可靠指标β。

若随机指标中含有非正态随机变量，则可对已知的验算点将非正态变量当量正态化，稍加化简，可推得

$$\begin{cases} \overline{X}^* = F^{-1}\Phi[-2\mathrm{sgn}(\nabla\boldsymbol{g}\,|\,\overline{\boldsymbol{X}}^*)^{\mathrm{T}}] \\ \sigma\boldsymbol{X}' = [f(\overline{X}^*)]^{-1}\Phi[-2\mathrm{sgn}(\nabla\boldsymbol{g}\,|\,\overline{\boldsymbol{X}}^*)^{\mathrm{T}}] \\ E\boldsymbol{X}' = \overline{X}^* + 2\boldsymbol{S}_{X'}\mathrm{sgn}(\nabla\boldsymbol{g}\,|\,\overline{\boldsymbol{X}}^*)^{\mathrm{T}} \end{cases} \tag{4-48}$$

式中　$F(*)$，$f(*)$——原随机变量的概率分布函数与概率密度函数。

于是，设计点法求解可靠指标的计算步骤为：

① 若随机变量均为正态分布，由式(4-46)计算设计点；

② 若有非正态分布变量，由式(4-48)可求得设计点和当量正态化后的二阶矩参数；

③ 由式(4-47)计算β。

从上述步骤可以看出，设计点法无须迭代，其计算量不仅大大小于验算点法的，而且小于实用分析法的。

【例 4-6】 已知极限状态方程 $Z = g(X) = R - L - D$，其中，R 为对数正态分布，$V_R = 0.17$；D 为正态分布，$\mu_D = 53$，$\sigma_D = 3.71$；L 为极值 Ⅰ 型分布，$\mu_L = 70$，$\sigma_L = 20.3$；求 $\beta = 3.70$ 时 μ_R 值。

解：

$$F(L) = \exp\{-\exp[-\alpha(L-\mu)]\}$$

$$\alpha = \frac{\pi}{2.4995\sigma_L} = 0.06318$$

$$\mu = \mu_L - 0.5772/\alpha = 60.864$$

由式(4-48)可得：$\overline{L}^* = 120.597$，$\sigma_{L'} = 37.998$，$\mu_{L'} = 44.601$

又

$$\overline{D}^* = \mu_D + 2\sigma_D = 60.420$$

$$\overline{\boldsymbol{X}}^* = [\overline{\boldsymbol{R}}^*, \overline{L}^*, \overline{D}^*]^T = [\overline{R}^*, 120.597, 60.420]^T$$

$$\sigma_{R'} = \overline{R}^* \sqrt{\ln(1+V_R^2)} = 0.1688\,\overline{R}^*$$

$$\boldsymbol{S}_{\mathbf{X}'} = \begin{bmatrix} \sigma_{R'} & & \\ & \sigma_{L'} & \\ & & \sigma_D \end{bmatrix} = \begin{bmatrix} 0.1688\,\overline{R}^* & & \\ & 37.988 & \\ & & 3.71 \end{bmatrix}$$

$$(\nabla \boldsymbol{g} \,|\, \overline{\boldsymbol{X}}^*) = [1, -1, -1]$$

将以上各式代入式(4-47)，可求得

$$\overline{R}^* = 220.4935$$

所以

$$\sigma_{R'} = 37.2193, \mu_{R'} = 294.9321$$

返回原分布，由 $\mu_{R'} = \overline{R}^*(1 - \ln\overline{R}^* + \ln\mu_R\sqrt{1+V_R^2})$

求得

$$\mu_R = 313.47$$

对此题其他方法解及误差如表 4-2 所示。

表 4-2 各种算法精度比较(以验算点法结果为基准)

算法	μ_R	误差
验算点法	319.52	0
均值点法	364.87	14.97%
实用分析法	329.85	3.23%
设计点法	313.47	1.89%

由此例可看出，设计点法十分简便，无须迭代，且精度良好。但从计算精度而言，仍是验算点法好。在计算机运算速度已非常快的今天，上述算法计算量之间的差别已不很重要，所以在一次二阶矩算法中，人们仍以验算点法为主要算法。

4.1.6 相关随机变量的处理

前面所述可靠度分析方法均适用于随机变量为独立变量情形，而在实际工程中随机变量间可能存在一定的相关性，相关性对可靠度有着明显的影响。

处理相关随机变量的基本思路是：先将相关任意分布随机变量转化成相关正态随机变量，再将相关正态随机变量转换成独立正态随机变量，然后用验算点法求解。

设功能函数为

$$Z = g(X_1, X_2, \cdots, X_n) \tag{4-49}$$

式中，$X_i(i = 1,2,\cdots,n)$ 为相关任意分布随机变量。由 X'_i 表示与 X_i 相对应的当量正态化随机变量，X'_i 的均值与标准差可由式(4-50) 求解。

$$\begin{cases} \mu_{X'_i} = X_i^* - \Phi^{-1}[F_{X_i}(X_i^*)]\sigma_{X'_i} \\ \sigma_{X'_i} = \varphi\{[F_{X_i}(X_i^*)]\}/f_{X_i}(X_i^*) \end{cases} \tag{4-50}$$

由于正态化变换不改变随机变量的相关程度，即

$$\mathrm{cov}(X'_i, X'_j) = \rho_{X_i X_j}\sigma_{X'_i}\sigma_{X'_j} \tag{4-51}$$

式中　$\rho_{X_i X_j}$——X_i 与 X_j 的相关系数；

$\sigma_{X'_i}$，$\sigma_{X'_i}$——X'_i 与 X'_j 的标准差。

于是 $X'_i(i = 1,2,\cdots,n)$ 协方差矩阵 $\boldsymbol{C}_{X'}$ 为

$$\boldsymbol{C}_{X'} = \begin{bmatrix} D(X'_1) & \mathrm{cov}(X'_1, X'_2) & \cdots & \mathrm{cov}(X'_1, X'_n) \\ \mathrm{cov}(X'_2, X'_1) & D(X'_2) & \cdots & \mathrm{cov}(X'_2, X'_n) \\ \vdots & \vdots & \vdots & \vdots \\ \mathrm{cov}(X'_n, X'_1) & \mathrm{cov}(X'_n, X'_2) & \cdots & D(X'_n) \end{bmatrix} \tag{4-52}$$

这样，任意分布相关随机变量可靠指标计算问题即转化为相关正态变量的可靠指标计算问题。

对于相关正态变量可靠指标计算，可以采用经典的正交变换法，也可采用仿射坐标系内的可靠度分析方法。前者需求矩阵特征值，计算量较大；而后者直接在仿射坐标系内建立了求解可靠指标的迭代公式，应用简便。

此时求解可靠指标 β 的联立方程变为

$$\begin{cases} \alpha'_i = \dfrac{-\sum\limits_{i=1}^{n}\rho_{X_i X_j}\dfrac{\partial g}{\partial X_j}\Big|_{P^*}\sigma_{X'_j}}{\left[\sum\limits_{j=1}^{n}\sum\limits_{k=1}^{n}\rho_{X_j X_k}\dfrac{\partial g}{\partial X_i}\dfrac{\partial g}{\partial X_k}\Big|_{P^*}\sigma_{X'_j}\sigma_{X'_k}\right]^{\frac{1}{2}}} \\ X_i^* = \mu_{X'_i} + \beta\alpha'_i\sigma_{X'_i} \\ g(X_1^*, X_2^*, \cdots, X_n^*) = 0 \end{cases} \tag{4-53}$$

然后，计算步骤与验算点法相同，只是用 α'_i 取代前述的 α_i 而已。

4.2 均值法(MV)

假设功能函数 $g(X)$ 是光滑的并且在均值点处可以泰勒展开。在均值点 μ 处的功能函数

可以表示为

$$Z_{WZ}=g(X)=g(\mu)+\sum_{i=1}^{n}\frac{\partial g}{\partial X_i}\bigg|_{X_i=\mu_i}\cdot(X_i-\mu_i)+H(X)=a_0+\sum_{i=1}^{n}a_i(X_i-\mu_i)+H(X)$$
$$=G_{MV}(X)+H(X) \tag{4-54}$$

其中，$G_{MV}(X)$ 代表一次项之和，$H(X)$ 代表高阶。

只保留一次项，假设都为独立随机变量，Z 的均值和方差可以近似为

$$\mu_Z\approx a_0 \tag{4-55}$$

$$\sigma_Z^2\approx\sum_{i=1}^{n}a_i^2\sigma_{X_i}^2 \tag{4-56}$$

得到

$$\beta=\mu_Z/\sigma_Z \tag{4-57}$$

对于非线性的功能函数，通常均值法求解不够明确。对于简单问题，使用高阶展开可以提高精度。但是，对于含有隐式状态函数和变量个数较多的问题，高阶方法求解就比较困难和低效了。

4.3 二次二阶矩法

一次二阶矩法由于计算比较简便，且计算精度在大多数情况下可以满足工程要求，因而被工程界普遍接受。但在计算功能函数非线性很高或者特别重要的结构构件时，还需要研究精度更高的方法。

4.3.1 二次展开法

首先将功能函数进行标准正态化，并将标准正态化后的功能函数 $g(U)$ 在设计验算点 u^* 处进行泰勒展开，并注意 $g(u^*)=0$，有

$$g(U)=\sum_{i=1}^{n}(U_i-u^*)\left(\frac{\partial g}{\partial U_i}\right)+\frac{1}{2}\sum_{i=1}^{n}\sum_{j=1}^{n}(U_i-u_i^*)(U_j-u_j^*)\left(\frac{\partial^2 g}{\partial U_i\partial U_j}\right)+\cdots \tag{4-58}$$

将随机变量 U_i 进行标准正态化处理有

$$Z_i=\frac{U_i-\mu_{U_i}}{\sigma_{U_i}} \tag{4-59}$$

式中，μ_{U_i} 和 σ_{U_i} 分别为随机变量 U_i 的均值和标准差。则有

$$\begin{cases}U_i-u_i^*=(\sigma_{U_i}Z_i+\mu_{U_i})-(\sigma_{U_i}z_i^*+\mu_{U_i})=\sigma_{U_i}(Z_i-z_i^*)\\ \dfrac{\partial g}{\partial U_i}=\dfrac{\partial g}{\partial Z_i}\cdot\dfrac{\partial Z_i}{\partial U_i}=\dfrac{1}{\sigma_{U_i}}\dfrac{\partial g}{\partial Z_i}\end{cases} \tag{4-60}$$

将式(4-60)代入式(4-58)得

$$g(Z)=\sum_{i=1}^{n}(Z_i-z^*)\left(\frac{\partial g}{\partial Z_i}\right)+\frac{1}{2}\sum_{i=1}^{n}\sum_{j=1}^{n}(Z_i-z_i^*)(Z_j-z_j^*)\left(\frac{\partial^2 g}{\partial Z_i\partial Z_j}\right)+\cdots \tag{4-61}$$

由 H-L 法可知 $z^* = \alpha\beta_F$（β_F 为一阶可靠指标），将其代入 $g(Z)=0$，其中 $g(Z)$ 近似取式(4-61) 的前两阶展开并写成矩阵的形式

$$g(Z) = \nabla \boldsymbol{g}^{\mathrm{T}}\boldsymbol{Z} - \nabla \boldsymbol{g}^{\mathrm{T}}\boldsymbol{\alpha}\beta_F + \frac{1}{2}(\boldsymbol{Z}-\boldsymbol{z}^*)^{\mathrm{T}}\nabla^2\boldsymbol{g}(\boldsymbol{Z}-\boldsymbol{z}^*) \tag{4-62}$$

其中

$$\begin{cases} \boldsymbol{\alpha} = \dfrac{-\nabla \boldsymbol{g}}{\sqrt{\nabla \boldsymbol{g}^{\mathrm{T}}\nabla \boldsymbol{g}}} \\ \nabla \boldsymbol{g} = \left(\dfrac{\partial g}{\partial Z_1}, \dfrac{\partial g}{\partial Z_2}, \cdots, \dfrac{\partial g}{\partial Z_n}\right)^{\mathrm{T}} \end{cases} \tag{4-63}$$

因为 $-\nabla \boldsymbol{g}^{\mathrm{T}}\boldsymbol{\alpha} > 0$，所以式(4-62) 同时除以此值并不改变功能函数性质，则式(4-62) 变换为

$$g(Z) = \beta_F - \boldsymbol{\alpha}^{\mathrm{T}}\boldsymbol{Z} + \frac{1}{2}(\boldsymbol{Z}-\boldsymbol{z}^*)^{\mathrm{T}}\boldsymbol{B}(\boldsymbol{Z}-\boldsymbol{z}^*) \tag{4-64}$$

其中

$$\boldsymbol{B} = \frac{\nabla^2 \boldsymbol{g}}{\sqrt{\nabla \boldsymbol{g}\ \nabla \boldsymbol{g}^{\mathrm{T}}}}$$

将随机向量 $\boldsymbol{Z}$ 进行旋转得到一组新的相互独立的标准正态随机变量 $\boldsymbol{X} = \boldsymbol{H}^{\mathrm{T}}\boldsymbol{Z}$，$\boldsymbol{H}$ 为一标准正交矩阵称为旋转矩阵，并令旋转矩阵 $\boldsymbol{H}$ 的第 n 列向量为 $\boldsymbol{\alpha}$，式中，$\boldsymbol{X}' = (x_1, x_2, \cdots, x_{n-1})^{\mathrm{T}}$，因此有 $x_n = \boldsymbol{\alpha}^{\mathrm{T}}\boldsymbol{Z}$，另外可知 $\boldsymbol{z}^* = \boldsymbol{\alpha}\beta_F$ 和 $\boldsymbol{Z} = \boldsymbol{HX}$。则有

$$\boldsymbol{Z} - \boldsymbol{z}^* = \boldsymbol{HX} - \boldsymbol{\alpha}\beta_F = \boldsymbol{H}\begin{bmatrix} \boldsymbol{X}' \\ x_n - \beta_F \end{bmatrix}$$

那么式(4-64) 可变成

$$g(X) = -(x_n - \beta_F) + \frac{1}{2}\begin{bmatrix} \boldsymbol{X}' \\ x_n - \beta_F \end{bmatrix}^{\mathrm{T}}\boldsymbol{A}\begin{bmatrix} \boldsymbol{X}' \\ x_n - \beta_F \end{bmatrix} \tag{4-65}$$

其中

$$\boldsymbol{A} = \boldsymbol{H}^{\mathrm{T}}\boldsymbol{BH}$$

为了能更好地求解，将式(4-65) 近似表示为

$$g(X) = -(x_n - \beta_F) + \frac{1}{2}\boldsymbol{X}'^{\mathrm{T}}\boldsymbol{A}'\boldsymbol{X}' \tag{4-66}$$

式中，矩阵 $\boldsymbol{A}'$ 为 $(n-1)\times(n-1)$ 阶矩阵，其元素与矩阵 $\boldsymbol{A}$ 对应元素相一致。

为了求得矩阵 $\boldsymbol{A}'$，须简化 $\boldsymbol{X}'^{\mathrm{T}}\boldsymbol{A}'\boldsymbol{X}'$ 的计算，令 $\boldsymbol{Y} = \boldsymbol{V}^{\mathrm{T}}\boldsymbol{V}$，这里矩阵 $\boldsymbol{V}$ 的每一列向量为矩阵 $\boldsymbol{A}'$ 对应的标准正交特征向量，那么有

$$g(Y) = -(y_n - \beta_F) + \frac{1}{2}\sum_{j=1}^{n-1}k_j y_j^2 \tag{4-67}$$

式中，$k_j(j = 1, 2, \cdots, n)$ 为 $\boldsymbol{A}'$ 的特征值，被定义为

$$|\boldsymbol{A}' - k\boldsymbol{I}| = 0 \tag{4-68}$$

通过以上变换可将功能函数简化为式(4-67) 的形式，由此可求得二次二阶可靠指标。从以上分析可知，要得到式(4-67)，在对矩阵 $\boldsymbol{B}$ 变换的同时还要分析式(4-68) 来求得 k_i，这

样做相对较为麻烦。为简化计算，因为式(4-67)是由式(4-66)经过正交变换得到的(即相对于坐标原点旋转得到的)，两者在空间中表示同一曲线、图形相同。由微分几何学中曲率的概念可知：式(4-66)与式(4-67)既然表示同一曲面，那么二者对某一变量在设计验算点处的曲率应相等。

由式(4-66)得

$$k_{x_j} \approx \frac{\partial^2 g(X)}{\partial x_j^2} = a_{jj}, j = 1,2,\cdots,n-1 \tag{4-69}$$

式中 k_{x_j}—— 式(4-66)在验算点 x_j 处曲率；

a_{jj}—— 矩阵 $\boldsymbol{A}'$ 对角线元素。

由式(4-67)得

$$k_{y_j} \approx \frac{\partial^2 g(Y)}{\partial y_j^2} = k_j, j = 1,2,\cdots,n-1 \tag{4-70}$$

式中 k_{y_j}—— 式(4-67)在验算点 y_j 处曲率。

由式(4-69)和式(4-70)可得在设计验算点处的曲率为

$$k_j = a_{jj}, j = 1,2,\cdots,n-1$$

由微分几何学可知，极限状态曲面在设计点的主曲率之和为

$$K_s = \sum_{j=1}^{n-1} k_j = \sum_{j=1}^{n-1} a_{jj} - a_{nn} \tag{4-71}$$

因为矩阵 $\boldsymbol{A}$ 是由矩阵 $\boldsymbol{B}$ 经过正交变换得到的，有 $\boldsymbol{A} = \boldsymbol{H}^{\mathrm{T}}\boldsymbol{B}\boldsymbol{H}$，由矩阵 $\boldsymbol{H}$ 的正交性可知

$$\sum_{i=1}^{n} H_{ji}H_{ki} = \delta_{jk}, \delta_{jk} = \begin{cases} 0(j \neq k) \\ 1(j = k) \end{cases}$$

又由矩阵计算方法可知

$$a_{jj} = \sum_{i=1}^{n} H_{ij}b_{i1}H_{1j} + \sum_{i=1}^{n} H_{ij}b_{i2}H_{2j} + \cdots + \sum_{i=1}^{n} H_{ij}b_{in}H_{nj}$$

该式右边每一项对 j 求和，例如，对第 $m(m = 1,2,\cdots,n)$ 项求和，有

$$\sum_{i=1}^{n}\sum_{j=1}^{n} H_{ij}b_{im}H_{mj} = \sum_{j=1}^{n}(H_{1j}b_{1m}H_{mj} + H_{2j}b_{2m}H_{mj} + \cdots + H_{nj}b_{nm}H_{mj}) = b_{mm}$$

因此有

$$\begin{cases} \sum\limits_{j=1}^{n} a_{jj} = \sum\limits_{j=1}^{n} b_{jj} \\ a_{nn} = \boldsymbol{\alpha}^{\mathrm{T}}\boldsymbol{B}\boldsymbol{\alpha} \end{cases} \tag{4-72}$$

式中 $b_{jj}(j = 1,2,\cdots,n)$—— 矩阵 $\boldsymbol{B}$ 的主对角线元素值。

将式(4-72)代入式(4-71)得 K_s 的表达式为

$$K_s = \sum_{j=1}^{n} b_{jj} - \boldsymbol{\alpha}^{\mathrm{T}}\boldsymbol{B}\boldsymbol{\alpha} \tag{4-73}$$

由微分几何学可知，平均曲率半径 R 可以表示为

$$R = \frac{n-1}{K_s} \tag{4-74}$$

这样，可以将式(4-67)近似表示为

$$g(Y)=-(y_n-\beta_F)+\frac{1}{2R}\sum_{j=1}^{n-1}y_j^2 \tag{4-75}$$

由式(4-75)可得

$$\begin{cases}\mu_g=\beta_F+\dfrac{n-1}{2R}\\ \sigma_g^2=1+\dfrac{n-1}{2R^2}\end{cases} \tag{4-76}$$

式中 μ_g—— 功能函数 $g(Y)$ 的均值；

σ_g—— 功能函数 $g(Y)$ 的标准差。

因此，二次二阶可靠指标为

$$\beta_{ESORM}=\frac{\mu_g}{\sigma_g}=\frac{\beta_F+(n-1)/(2R)}{\sqrt{1+(n-1)/(2R^2)}} \tag{4-77}$$

ESORM 的理论推导较为烦琐，在数值程序计算时可将计算流程归纳如下：

① 用一次二阶矩法，如 FORM 法，计算一次可靠指标 β_F、$\boldsymbol{\alpha}$ 及标准正态空间设计验算点 U^*。

② 用下列公式计算矩阵 $\boldsymbol{B}$

设功能函数 $Z=g(U)$，U 为标准正态随机变量。

$$\boldsymbol{B}=\frac{[\nabla^2 g(U^*)]}{[\nabla g(U^*)]} \tag{4-78}$$

其中

$$[\nabla^2 g(U^*)]=\begin{bmatrix}\left.\dfrac{\partial^2 g}{\partial U_1^2}\right|_{U^*} & \left.\dfrac{\partial^2 g}{\partial U_1\partial U_2}\right|_{U^*} & \cdots & \left.\dfrac{\partial^2 g}{\partial U_1\partial U_n}\right|_{U^*}\\ \left.\dfrac{\partial^2 g}{\partial U_2\partial U_1}\right|_{U^*} & \left.\dfrac{\partial^2 g}{\partial U_2^2}\right|_{U^*} & \cdots & \left.\dfrac{\partial^2 g}{\partial U_2\partial U_n}\right|_{U^*}\\ \vdots & \vdots & \vdots & \vdots\\ \left.\dfrac{\partial^2 g}{\partial U_n\partial U_1}\right|_{U^*} & \left.\dfrac{\partial^2 g}{\partial U_n\partial U_2}\right|_{U^*} & \cdots & \left.\dfrac{\partial^2 g}{\partial U_n^2}\right|_{U^*}\end{bmatrix} \tag{4-79}$$

$$|\nabla g(U^*)|=\left[\sum_{i=1}^{n}\left(\left.\frac{\partial g}{\partial U_i}\right|_{U^*}\right)^2\right]^{\frac{1}{2}} \tag{4-80}$$

③ 计算 K_s

$$K_s=\sum_{j=1}^{n}b_{jj}-\boldsymbol{\alpha}^{T}\boldsymbol{B}\boldsymbol{\alpha} \tag{4-81}$$

④ 计算 R

$$R=\frac{n-1}{K_s}$$

⑤ 按下式计算可靠指标 β_s

若 $K_s\geqslant 0$，则

$$\beta_s=-\Phi^{-1}\left[\Phi(-\beta_F)\left(1+\frac{\varphi(\beta_F)}{R\Phi(-\beta_F)}\right)^{-\frac{n-1}{2}\left(1+\frac{2K_s}{10(1+2\beta_F)}\right)}\right] \tag{4-82}$$

若 $K_s<0$，则

$$\beta_s = \left(1 + \frac{2.5K_s}{2n - 5R + 25(23 - 5\beta_F)/R^2}\right) \cdot \beta_F + \frac{1}{2}K_s\left(1 + \frac{K_s}{40}\right) \tag{4-83}$$

【例 4-7】 用 ESORM 求解例 4-1，功能函数 $G(X) = \frac{\pi}{4}X_1X_2^2 - 100000$，$X_1$、$X_2$ 为独立正态分布随机变量，且 $\mu_{X_1} = 290$，$\mu_{X_2} = 30$，$\sigma_{X_1} = 25$，$\sigma_{X_2} = 3$，正态分布。

解：① 原始空间极限状态方程

$$G(X) = \frac{\pi}{4}X_1X_2^2 - 100000 \tag{a}$$

② 标准正态空间极限状态方程

$$U_1 = \frac{X_1 - \mu_{X_1}}{\sigma_{X_1}}, \quad X_1 = \mu_{X_1} + U_1\sigma_{X_1} = 290 + 25U_1$$

$$U_2 = \frac{X_2 - \mu_{X_2}}{\sigma_{X_2}}, \quad X_2 = \mu_{X_2} + U_2\sigma_{X_2} = 30 + 3U_2$$

所以标准空间极限状态方程为

$$g(U_1, U_2) = \frac{\pi}{4}(25U_1 + 290)(3U_2 + 30)^2 - 10^5 \tag{b}$$

③ 根据极限状态方程(a) 用一次一阶矩法，求 β_F、α_1、α_2 及标准正态空间设计验算点 U_1^*、U_2^*。

$$\beta_F = 2.8722$$

$$\alpha_1 = 0.3232, \quad \alpha_2 = 0.9463$$

$$U_1^* = -0.928389, \quad U_2^* = -0.271803$$

④ 计算矩阵 $\boldsymbol{B}$

$$\frac{\partial g}{\partial U_1} = \frac{\pi}{4}(3U_2 + 30)^2 \times 25 = \frac{25\pi}{4}(3U_2^2 + 30)^2$$

$$\frac{\partial g}{\partial U_2} = \frac{\pi}{4}(25U_1 + 290) \times 2 \times (3U_2 + 30) \times 3$$

$$= \frac{3\pi}{2}(25U_1 + 290)(3U_2 + 30)$$

$$\frac{\partial^2 g}{\partial U_1^2} = 0$$

$$\frac{\partial^2 g}{\partial U_1 \partial U_2} = \frac{25\pi}{2} \times 3 \times (3U_2 + 30) = \frac{75\pi}{2}(3U_2 + 30)$$

$$\frac{\partial^2 g}{\partial U_2 \partial U_1} = \frac{3\pi}{2} \times (3U_2 + 30) \times 25 = \frac{75\pi}{2}(3U_2 + 30)$$

$$\frac{\partial^2 g}{\partial U_2^2} = \frac{9\pi}{2} \times (25U_1 + 290)$$

将 U_1^*、U_2^* 代入，得

$$\boldsymbol{B} = \begin{bmatrix} 0 & 0.085266 \\ 0.085266 & 0.093536 \end{bmatrix}$$

⑤ 求 K_s

$$K_s = B_{11} + B_{22} - [\alpha_1 \quad \alpha_2]\begin{bmatrix} B_{11} & B_{12} \\ B_{21} & B_{22} \end{bmatrix}\begin{bmatrix} \alpha_1 \\ \alpha_2 \end{bmatrix}$$

$$= B_{11} + B_{22} - [\alpha_1 \quad \alpha_2]\begin{bmatrix} B_{11}\alpha_1 + B_{12}\alpha_2 \\ B_{21}\alpha_1 + B_{22}\alpha_2 \end{bmatrix}$$

$$= B_{11} + B_{22} - \alpha_1(B_{11}\alpha_1 + B_{12}\alpha_2) - \alpha_2(B_{21}\alpha_1 + B_{22}\alpha_2)$$

$$= 0 + 0.093536 - 0.3232 \times (0 \times 0.3232 + 0.085266 \times 0.9436) - 0.9436 \times (0.085266 \times 0.3232 + 0.093536 \times 0.9463)$$

$$= -0.0423$$

$$R = \frac{n-1}{K_s} = \frac{2-1}{-0.0423} = -23.596$$

因为 $K_s < 0, \beta_F = 2.8722$

$$\beta_s = \left[1 + \frac{2.5 \times K_s}{2 \times n - 5R + 25(23 - 5\beta_F)/R^2}\right] \times \beta_F + \frac{1}{2}K_s\left[1 + \frac{K_s}{40}\right]$$

$$= \left[1 + \frac{2.5 \times (-0.0423)}{2 \times 2 - 5(-23.596) + 25(23 - 52.8722)/(-23.596)^2}\right] \times 2.8772 + \frac{1}{2} \times (-0.0423) \times \left[1 + \frac{-0.0423}{40}\right]$$

$$= \left[1 + \frac{2.5 \times 0.0423}{122.366}\right] \times 2.8722 - 0.02$$

$$= 2.8768$$

4.3.2 二次点拟合法

在标准正态空间内，二次点拟合法（PFSORM）在设计验算点处用二次函数来拟合结构极限功能函数，结合使用二次展开法给出的二次可靠指标算式，可方便计算二次可靠指标。

如前所述，用 ESORM 算法确定二次可靠指标 β_s 时须计算矩阵 $\boldsymbol{B}$，当功能函数中基本随机变量较多且不能表示为基本随机变量显函数时，矩阵 $\boldsymbol{B}$ 计算就较困难。PFSORM 引入响应面法的思想，利用结构极限状态曲面上设计验算点邻域的一组点来确定一个二次曲面，用以拟合结构极限状态曲面，再据此二次曲面用 ESORM 算法求解二次可靠指标 β_s，因此时结构极限状态曲面简化为二次曲面，故矩阵 $\boldsymbol{B}$ 计算较容易。

设功能函数为

$$Z = g(X) = g(x_1, x_2, \cdots, x_n) \tag{4-84}$$

式中　x_n—— 任意分布相关随机变量。

根据 Rosenblatt 变换，有

$$u_n = \Phi^{-1}[F_{x_n/x_1,\cdots,x_{n-1}}(x_n/x_1,\cdots,x_{n-1})] \tag{4-85}$$

其逆变换可表示为

$$x_n = F^{-1}_{x_n/x_1,\cdots,x_{n-1}}[\Phi(u_n)/x_1,\cdots,x_{n-1}] \tag{4-86}$$

其中，$\Phi^{-1}[*]$、$F^{-1}_{x_n/x_1,\cdots,x_{n-1}}[*]$ 分别表示标准正态分布函数的反函数以及 x_i 条件分布函数的反函数，u_i 为独立的标准正态随机变量。

将式(4-86)代入式(4-84)可得

$$g(X) = F(\boldsymbol{U}) \tag{4-87}$$

式中　$\boldsymbol{U}$—— 标准正态随机向量。

在标准正态空间中采用序列响应面拟合 $F(\boldsymbol{U})$，有

$$F(\boldsymbol{U}) \approx F'(\boldsymbol{U}) = a_0 + \sum_{i=1}^{n} r_i u_i^* + \sum_{i=1}^{n} \lambda_i u_i^{*2} \tag{4-88}$$

通过序列响应面法确定 a_0、r_i、λ_i，然后根据 ESROM 算法，二次可靠指标可以表示为式(4-87)和式(4-88)。然后按下式确定 K_s。

$$K_s = \frac{2}{|\nabla g(U^*)|} \sum_{j=1}^{n} \lambda_j \left[1 - \frac{2}{|\nabla g(U^*)|^2} (r_j + 2\lambda_j U_j^*)^2\right] \tag{4-89}$$

其中

$$|\nabla g(U^*)| = \sqrt{\sum_{j=1}^{n} (r_j + 2\lambda_j U_j^*)^2} \tag{4-90}$$

并且

$$R = \frac{n-1}{K_s}$$

【例 4-8】 用 PFSORM 算法求解一圆杆受拉力 P 作用，其承载能力可靠指标。已知条件：拉杆材料强度 R' 及其直径 D' 为基本随机变量，P 为常量，$P = 50$ kN，R'、D' 相互独立且均服从正态分布，其均值和均方差分别为 $\mu_{R'} = 170.0$，$\mu_{D'} = 29.4$，$\sigma_{R'} = 24.99$，$\sigma_{D'} = 2.9988$。

解：① 原始极限空间状态方程为

$$G(R', D') = R' - \frac{4 \times 50000}{\pi D'^2} = 0$$

② 标准正态空间极限状态方程为

$$F(R, D) = 24.99R + 170 - \frac{4 \times 50000}{\pi (2.9988D + 29.4)^2} = 0$$

③ 取设计验算点初值

在原始空间取：$r'^* = \mu_{R'} = 170.0$，$d'^* = \mu_{D'} = 29.4$

在标准正态空间对应点为：$r^* = 0$，$d^* = 0$

④ 确定拟合点，取 $\delta = 0.3$，可得标准正态空间的 5 个拟合点为

$$(0,0),(-0.3,0),(0.3,0),(0,-0.3),(0,0.3)$$

初始空间相应的 5 个拟合点为

$$R' = \mu_{R'} + R \cdot \sigma_{R'}, \quad D' = \mu_{D'} + D \cdot \sigma_{D'}$$

(170,29.4),(162.50,29.4),(177.497,29.4),(170,28.50),(170,30.30)

⑤ 确定二次方程式系数 a_0、r_j、λ_j $(j = 1, 2, \cdots, n)$

$$R' - \frac{4 \times 50000}{\pi D'^2} = a_0 + r_1 r^* + r_2 d^* + \lambda_1 r^{*2} + \lambda_2 d^{*2}$$

将 5 个拟合点值代入

$$\begin{cases} a_0 = 170 - \dfrac{4 \times 50000}{\pi \times 29.4^2} = 96.3478 \\ a_0 - 0.3r_1 + 0.09\lambda_1 = 160.50 - \dfrac{4 \times 50000}{\pi \times 29.4^2} = 88.8508 \\ a_0 + 0.3r_1 + 0.09\lambda_1 = 177.497 - \dfrac{4 \times 50000}{\pi \times 29.4^2} = 103.8448 \\ a_0 - 0.3r_2 + 0.09\lambda_2 = 170 - \dfrac{4 \times 50000}{\pi \times 28.5^2} = 91.6247 \\ a_0 + 0.3r_2 + 0.09\lambda_2 = 170 - \dfrac{4 \times 50000}{\pi \times 30.30^2} = 100.6566 \end{cases}$$

解得

$$\begin{cases} a_0 = 96.3478 \\ r_1 = (103.8448 - 88.8508)/0.6 = 24.99 \\ r_2 = (100.6566 - 91.625)/0.6 = 15.053 \\ \lambda_1 = [(103.8448 + 88.8508) - 2 \times 96.3478]/(0.09 \times 2) = 0 \\ \lambda_2 = [(100.6566 + 91.6247) - 2 \times 96.3478]/(0.09 \times 2) = -2.302 \end{cases}$$

从而

$$F'(R,D) = 96.3478 + 24.99r^* + 15.053d^* - 2.302d^{*2}$$

⑥ 对上述二次方程，采用一次二阶矩法，求得 β_F 及新的设计验算点，$\beta_F = 3.0296, r^* = -2.1467, d^* = 2.1377$。

⑦ 据 β_F 及新的验算点，重复 ④ ～ ⑥ 步直至收敛，计算过程如表 4-2 所示。

表 4-2　β_F 的迭代过程

迭代次数	a_0	r_1	r_2	λ_1	λ_2	β_F	u_1^*	u_2^*
1	96.3478	24.99	15.0532	0	−2.3024	3.0296	−2.1467	−2.1377
2	88.7587	24.99	5.1659	0	−6.1644	2.9026	−1.7219	−2.3367
3	85.3589	24.99	2.1065	0	−6.8490	2.9028	−1.7140	−2.3427
4	85.2375	24.99	2.0018	0	−6.8714	2.9028	−1.7142	−2.3426
5	85.2398	24.99	2.0039	0	−6.8710	2.9028	−1.7142	−2.3426

⑧ 计算 K_s、R，由式(4-74)、式(4-89) 和式(4-90) 求得

$$K_s = -0.1130, R = -8.8533$$

⑨ 由式(4-82)，求得二次可靠指标 β_s

$$\beta_s = 2.8304$$

4.4　蒙特卡洛法

4.4.1　概述

通常将随机模拟法统称为蒙特卡洛法（简称 MC 法）。蒙特卡洛法求解概率问题最直观、

最精确，对强非线性问题也很有效，但蒙特卡洛法仿真效率太低，而结构的可靠性要求相对较高，所以在土木仿真中应用较少。

蒙特卡洛法仿真基本步骤如下：

① 构造概率模型。对所求问题建立一个简单而又便于实现的概率统计模型。

② 定义随机变量。概率模型确定后，根据问题要求定义一个随机变量，使它的分布或数字特征恰好就是问题的解。定义的随机变量可以是连续型的，也可以是离散型的。根据概率统计模型的特点和计算实践的需要，尽量改进模型，以便减小方差和降低费用，提高计算效率。

③ 通过模拟获得子样。随机变量确定后，根据概率模型找出对随机变量的抽样方法，实现从已知概率分布抽样。在计算机上进行数字模拟试验，人为地产生一些样本大小为 N 的观察值，又称子样，它近似地具有简单随机子样的性质。

④ 统计计算。有了上述的人造子样，就可以进行统计处理，从而得到有关的概率分布、数字特征或某事件出现的频率，以此作为问题的解。

由大数定律，设随机事件为 A 的概率为 $P(A)$，在 N 次独立试验中，事件 A 的出现次数为 n，频率为 $W(A)=n/N$，则对任意小量 $\varepsilon>0$，有

$$\lim_{N\to\infty}P\left\{\left|\frac{n}{N}-P(A)\right|<\varepsilon\right\}=1 \tag{4-91}$$

可见，当抽样次数 N 足够大时，频率 n/N 以概率 1 收敛于 $P(A)$，这就保证了使用蒙特卡洛法的概率收敛性。

4.4.2 简单蒙特卡洛法

MC 法的基本思路是将一个分析问题化为一个具有解答的概率问题，然后用统计模拟来研究。MC 法的一般公式为

$$P_{\mathrm{f}}=\int_{\Omega_{\mathrm{f}}=\{x|g(X)<0\}}^{+\infty}I[g(X)]f(X)\mathrm{d}(X) \tag{4-92}$$

$$\hat{P}_{\mathrm{f}}=\frac{1}{N}\sum_{i=1}^{N}I[g(X)] \tag{4-93}$$

其中

$$\left.\begin{aligned}I[g(X)]=1,\quad g(X)<0\\ I[g(X)]=0,\quad g(X)\geqslant 0\end{aligned}\right\}$$

将应用式(4-93)求解的蒙特卡洛法称为简单蒙特卡洛法（Crude Monte Carlo，简称 CMC 法）。CMC 法将求解失效概率 P_{f} 问题转化为求解目标函数 $I[g(x)]$ 的数学期望值问题，所求的失效概率近似等于产品失效次数占总抽样次数 N 的频率。$\hat{P}_{\mathrm{f}}$ 的方差为

$$\sigma_{\hat{P}_{\mathrm{f}}}^{2}=\frac{1}{N}\hat{P}_{\mathrm{f}}(1-\hat{P}_{\mathrm{f}}) \tag{4-94}$$

根据中心极限定理，对于任意非负 x 均有

$$\lim_{N\to\infty}P\left(\frac{|P_{\mathrm{f}}-\hat{P}_{\mathrm{f}}|}{\sigma_{\hat{P}_{\mathrm{f}}}^{2}}<x\right)=\frac{1}{\sqrt{2\pi}}\int_{-x}^{x}\mathrm{e}^{-\frac{t^2}{2}}\mathrm{d}t \tag{4-95}$$

当 N 足够大时就可以认为具有如下近似等式

$$\lim_{N\to\infty} P(|P_{\mathrm{f}}-\hat{P}_{\mathrm{f}}|<\sigma_{\hat{P}_{\mathrm{f}}}^{2}\cdot x)=\frac{1}{\sqrt{2\pi}}\int_{-x}^{x}\mathrm{e}^{-\frac{t^{2}}{2}}\mathrm{d}t=1-\alpha \tag{4-96}$$

其中，α 为置信度，$1-\alpha$ 为置信水平，由此获得 CMC 法的误差计算公式

$$|P_{\mathrm{f}}-\hat{P}_{\mathrm{f}}|\leqslant z_{\frac{\alpha}{2}}\cdot\sigma_{\hat{P}_{\mathrm{f}}}^{2} \tag{4-97}$$

将式(4-94) 代入式(4-97)，得 CMC 法的相对误差 ε 为

$$\varepsilon=\frac{|P_{\mathrm{f}}-\hat{P}_{\mathrm{f}}|}{P_{\mathrm{f}}}<z_{\frac{\alpha}{2}}\sqrt{\frac{1-\hat{P}_{\mathrm{f}}}{N\hat{P}_{\mathrm{f}}}} \tag{4-98}$$

考虑到$\hat{P}_{\mathrm{f}}$ 为一小量，则 CMC 法抽样次数 N 可近似表示为

$$N=\frac{z_{\frac{\alpha}{2}}}{\hat{P}_{\mathrm{f}}\cdot\varepsilon^{2}} \tag{4-99}$$

当给定相对误差 $\varepsilon=0.2$，置信水平 $1-\alpha=0.95$ 时，CMC 法抽样次数 N 必须满足

$$N\approx 100/\hat{P}_{\mathrm{f}} \tag{4-100}$$

这就意味着抽样次数 N 与$\hat{P}_{\mathrm{f}}$ 成反比，当$\hat{P}_{\mathrm{f}}$ 是一小量，如$\hat{P}_{\mathrm{f}}=10^{-3}$ 时，$N=10^{5}$ 才能获得对$\hat{P}_{\mathrm{f}}$ 足够可靠的估计。

4.4.3 改进的蒙特卡洛法

常规的蒙特卡洛法具有较高的计算精度，但是需要耗费大量的机时。因此，针对蒙特卡洛法提出了很多加快计算速度的改进方法，如分层抽样法、相关抽样法、重要抽样法等。一般来说，这些方法抽样均在基本变量所在的整个空间上进行。若将抽样范围缩小，无疑会减少计算时间。

设结构基本变量为标准正态随机变量 $\overline{x}=(x_1,x_2,\cdots,x_n)$，相应的功能函数为 $Z=g(x_1,x_2,\cdots,x_n)$。则在标准正态空间中，可靠指标函数为坐标原点到极限状态曲面 $g(x_1,x_2,\cdots,x_n)=0$ 的距离

$$\beta^{2}=\min(\sum_{i=1}^{n}x_i^{2}) \tag{4-101}$$

这里，$\sum_{i=1}^{n}x_i^{2}$ 服从自由度为 n 的 χ^{2} 分布，其密度函数为

$$f(x)=\begin{cases}\dfrac{1}{2^{n/2}\Gamma\left(-\dfrac{n}{2}\right)}x^{\frac{n}{2}-1}\mathrm{e}^{-\frac{x}{2}}, & x\geqslant 0\\ 0, & x<0\end{cases} \tag{4-102}$$

式(4-101) 给出的是在 n 维欧式空间R^{n} 中，以原点为中心、β为半径的n 维球，称为β球。若假设 β 已知，则可将 n 维欧式空间R^{n} 划分为$|\overline{x}|\leqslant\beta$和$|\overline{x}|>\beta$两部分，$|\overline{x}|\leqslant\beta$即为$n$ 维β球所围的域，如图 4-3 所示，该域必在可靠区内。

由全概率公式可知，结构的失效概率为

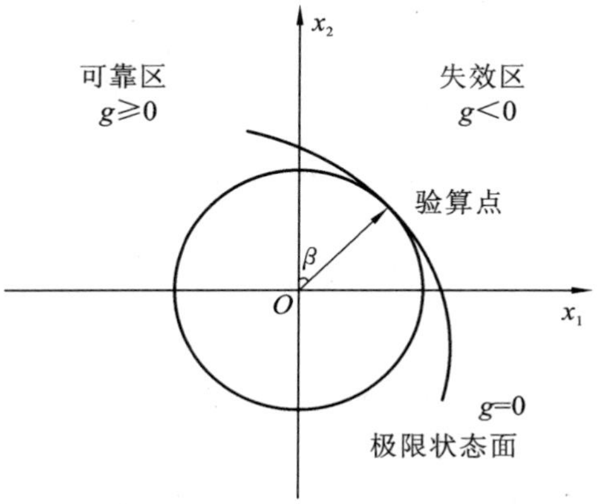

图 4-3　二维 β 球

$$
\begin{aligned}
P_i &= P(Z \leqslant 0 \mid \bar{x} \in R^n) = P(Z \leqslant 0 \mid |\bar{x}| \leqslant \beta)P(|\bar{x}| \leqslant \beta) \\
&\quad + P(Z \leqslant 0 \mid |\bar{x}| > \beta)P(|\bar{x}| > \beta) \\
&= [1 - \chi_n(\beta^2)]P(Z \leqslant 0 \mid |\bar{x}|^2 > \beta^2)
\end{aligned} \tag{4-103}
$$

其中，χ_n 表示具有自由度为 n 的 χ^2 分布的分布函数。

引入将 β 球域截去的截尾分布密度函数

$$
f_{\mathrm{tr}}(\bar{\boldsymbol{x}}) = \begin{cases} \dfrac{1}{1-\chi_n(\beta^2)} f(\bar{\boldsymbol{x}}), & |\bar{x}| > \beta \\ 0, & |\bar{x}| \leqslant \beta \end{cases} \tag{4-104}
$$

从而可根据式(4-103)得到

$$
P_i = [1 - \chi_n(\beta^2)] E_{i_{\mathrm{tr}}} \{ I[g(x_1, x_2, \cdots, x_n)] \} \tag{4-105}
$$

其中

$$
I[g(x_1, x_2, \cdots, x_n)] = \begin{cases} 1, & g(x_1, x_2, \cdots, x_n) < 0 \\ 0, & \text{其他} \end{cases} \tag{4-106}
$$

称标志函数。$E_{i_{\mathrm{tr}}}\{I[g(x_1,x_2,\cdots,x_n)]\}$表示结尾分布 $f_{\mathrm{tr}}(\bar{\boldsymbol{x}})$ 之下 $I[g(x_1,x_2,\cdots,x_n)]$ 的期望值。

下面讨论一下 $\bar{\boldsymbol{x}}$ 的具体抽样问题。

基本随机向量 $\bar{\boldsymbol{x}}$ 的第 j 次抽样值可写成

$$
\bar{\boldsymbol{x}}_j = R_j \bar{\boldsymbol{a}}_j \qquad (j = 1, 2, \cdots, N) \tag{4-107}
$$

其中，R_j 为$\bar{\boldsymbol{x}}_j$ 的模；$\bar{\boldsymbol{a}}_j = (\boldsymbol{a}_{1j}, \boldsymbol{a}_{2j}, \cdots, \boldsymbol{a}_{nj})$ 为随机方向矢量，满足关系式

$$
\sum_{i=1}^{n} \boldsymbol{a}_{ij}^2 = 1 \qquad (j = 1, 2, \cdots, N) \tag{4-108}
$$

由式(4-107)和式(4-108)可知，$R_i^2 = \sum\limits_{i=1}^{n} x_{ij}^2$，$R^2$ 服从自由度为 n 的 χ^2 分布，其密度函数为

$$f_{K^2}(r^2)=\frac{(r^2)\dfrac{n}{2}-1}{2^{n/2}\Gamma\left(\dfrac{n}{2}\right)}\exp\left[-\frac{1}{2}r^2\right] \tag{4-109}$$

假设各基本变量之间相互独立，则 R_j 与$\overline{a}_j$ 必相互独立，所以可对 R_j 与$\overline{a}_j$ 进行单独抽样。从式(4-107) 可得

$$\overline{a}_j=\frac{(x_{1j},x_{2j},\cdots,x_{nj})}{\left(\sum_{i=1}^{n}x_{ij}^2\right)^{1/2}}\qquad(j=1,2,\cdots,N) \tag{4-110}$$

R_j 的抽样域在β球域之外。事实上我们并不知道β值，但从式(4-101) 的推导过程可知，只要取 $r_1\leqslant\beta$，式(4-101) 总成立；因此R_j 的抽样域可取为$(r_1=\beta,r_2)$。对于一个实际问题，可先取一初值 $r_1=\beta_0$(β_0为一预先确定的值)，计算可得 P_j^0，然后取 $r_1=\beta_0+\Delta\beta$，计算得 P'_f。若前后两次所得的 P_f 相差不大，那么 P'_f即为所求问题的失效概率；若 $P'_f<P_f^0$，取 $r_1=\beta_0-\Delta\beta$ 继续试算，直到稳定位置。通常可根据 r_1 的值，取 $r_2=r_1+3$ 或 $r_2=r_1+4$。

若在可靠区内取一大于β球的最大球，并将该球所在域排除在抽样范围之外，则上述排除β球所在域的抽样方法可进一步得到改进。

4.5 矩方法

4.5.1 二阶矩法

对于一个功能函数 $z=G(X)$，如果已知前两阶矩，假设 $z=G(X)$ 服从正态分布，则基于二阶矩法的可靠指标和失效概率表示为

$$\beta_{SM}=\frac{\mu_G}{\sigma_G} \tag{4-111}$$

$$P_{fSM}=\Phi(-\beta_{SM}) \tag{4-112}$$

式中，μ_G和 σ_G 是函数 $z=G(X)$ 的均值和标准差，Φ 是一个正态随机变量的累积分布函数。

该方法与传统的二阶矩方法不同，此方法用了基本功能函数的前两阶矩。对于一个简单的功能函数，如传统的二阶矩方法中常用的 R-S 模型，利用基本变量的前两阶矩，可以得到功能函数的前两阶矩。然而，对于一些复杂的功能函数来说，功能函数的前两阶矩通常不能利用基本变量的前两阶矩来准确计算。

4.5.2 三阶矩法

对于一个功能函数 $z=G(X)$，如果已知前三阶距，假设标准化变量为

$$z_u=\frac{z-\mu_G}{\sigma_G} \tag{4-113}$$

服从三参数对数正态分布，标准的正态随机变量 u 表示为以下函数

$$u=\frac{\sin(\alpha_{3G})}{\sqrt{\ln(A)}}\ln\left[\sqrt{A}\left(1-\frac{z_u}{u_b}\right)\right] \tag{4-114}$$

其中

$$A = 1 + \frac{1}{u_b^2} \tag{4-115}$$

$$u_b = (a+b)^{\frac{1}{3}} + (a-b)^{\frac{1}{3}} - \frac{1}{\alpha_{3G}} \tag{4-116}$$

$$a = \frac{1}{\alpha_{3G}}\left(\frac{1}{\alpha_{3G}^2} + \frac{1}{2}\right) b = -\frac{1}{2\alpha_{3G}^2}\sqrt{\alpha_{3G}^2 + 4} \tag{4-117}$$

α_{3G} 是无量纲的三阶中心矩，即 $z = G(X)$ 的偏度。

由于

$$\mathrm{Prob}[z \leqslant 0] = \mathrm{Prob}\left[z_u \leqslant -\frac{\mu_G}{\sigma_G}\right] = \mathrm{Prob}[z_u \leqslant -\beta_{SM}] \tag{4-118}$$

基于三阶矩方法的可靠指标和失效概率为

$$\beta_{TM} = \frac{-\sin(\alpha_{3G})}{\sqrt{\ln(A)}} \ln\left[\sqrt{A}\left(1 + \frac{\beta_{SM}}{u_b}\right)\right] \tag{4-119}$$

$$P_{fTM} = \Phi(-\beta_{TM}) \tag{4-120}$$

$\alpha_{3G} = 0, \beta_{SM} = \beta_{TM}$，因为当 $u_b > 0, \alpha_{3G} \in (-\infty, +\infty)$ 时，β_{TM} 在 $\beta_{SM} > 0$ 时是单调递增的，注意当 $\alpha_{3G} = 0$ 时，式(4-119) 不能得到正确的结果。此时三阶矩方法可以直接表示成

$$\beta_{SM} = \beta_{TM}, \quad \alpha_{3G} = 0 \tag{4-121}$$

4.5.3　四阶矩法

对于一个功能函数 $Z = G(X)$ 则

$$u = \frac{\alpha_{3G} + 3(\alpha_{4G} - 1)z_u - \alpha_{3G} z_u^2}{\sqrt{(5\alpha_{3G}^2 - 9\alpha_{4G} + 9)(1 - \alpha_{4G})}} \tag{4-122}$$

其中，α_{4G} 是四阶中心距，即 $Z = G(X)$ 的峰值。

利用式(4-122)，可得到基于四阶矩方法的可靠指标和失效概率如下

$$\beta_{FM} = \frac{3(\alpha_{4G} - 1)\beta_{SM} + \alpha_{3G}(\beta_{SM}^2 - 1)}{\sqrt{(9\alpha_{4G} - 5\alpha_{3G}^2 - 9)(\alpha_{4G} - 1)}} \tag{4-123}$$

$$P_{fFM} = \Phi(-\beta_{FM}) \tag{4-124}$$

当 $\alpha_{3G} = 0$ 时，公式(4-123) 可化为 $\beta_{FM} = \beta_{SM}$。

因为 $\beta_{FM} > 0$，可以得出方程式(4-123) 是单调递增的。此后，方程式(4-123) 可被命名为 FM-1 可靠指标。

当然四阶矩法也可以利用 Edgeworth 展开式或 Gram-Charlier 级数，对应的可靠指标被称为 FM-2 可靠指标。另一种四阶矩法是利用现有的频率曲线体系，如 Pearson、Johnson、Burr 体系，以及 Ramberg 的 λ 分布，从而产生了 FM-3 可靠指标。

本章参考文献

[1] 张建国，苏多，刘英卫. 机械产品可靠性分析与优化[M]. 北京：电子工业出版社，2008.

[2] 张明. 结构可靠度分析[M]. 北京：科学出版社，2009.

5 用于可靠性分析的随机有限元法

5.1 摄动随机有限元法

摄动法是用于分析非线性问题的强有力的方法，它在力学及其他工程科学领域有着广泛的应用。Handa 首先研究了摄动随机有限元法，并将该方法用于结构的静力学分析。而后 Hisada 和 Nakagiri 进一步作了系统的研究，使得摄动随机有限元法不仅用于静力学问题，还用于一些动力学问题的分析。Erik Vanmarcke 于 1983 年提出了随机场的局部平均理论并将它引入随机有限元法，使得摄动随机有限元法更趋于实用。

设有限元位移的支配方程为

$$\boldsymbol{K\delta} = \boldsymbol{F} \tag{5-1}$$

式中 $\boldsymbol{K}$—— 劲度矩阵；

$\boldsymbol{\delta}$—— 结点位移向量；

$\boldsymbol{F}$—— 结点荷载向量。

若材料特性、所受荷载或几何现状有一微小扰动，则结点位移对此将产生扰动响应。

一般地，设结构的某一参数 Z 为随机摄动量，则摄动量 Z 可以表示为确定部分和随机部分之和，即

$$Z = Z_0(1+\varepsilon) \tag{5-2}$$

式中 Z_0—— 均值；

ε—— 均值为零的随机量，它反映了参数 Z 的随机性。

采用摄动随机有限元法分析结构的可靠度，可以在均值点进行泰勒级数展开，并取至二次项，得到

$$\boldsymbol{K} = K_0 + \sum_{i=1}^{n}\frac{\partial K}{\partial \alpha_i}\alpha_i + \frac{1}{2}\sum_{i=1}^{n}\sum_{j=1}^{n}\frac{\partial^2 K}{\partial \alpha_i \partial \alpha_j}\alpha_i\alpha_j \tag{5-3}$$

$$\boldsymbol{F} = F_0 + \sum_{i=1}^{n}\frac{\partial F}{\partial \alpha_i}\alpha_i + \frac{1}{2}\sum_{i=1}^{n}\sum_{j=1}^{n}\frac{\partial^2 F}{\partial \alpha_i \partial \alpha_j}\alpha_i\alpha_j \tag{5-4}$$

$$\boldsymbol{\delta} = \delta_0 + \sum_{i=1}^{n}\frac{\partial \delta}{\partial \alpha_i}\alpha_i + \frac{1}{2}\sum_{i=1}^{n}\sum_{j=1}^{n}\frac{\partial^2 \delta}{\partial \alpha_i \partial \alpha_j}\alpha_i\alpha_j \tag{5-5}$$

式中 K_0, F_0, δ_0——$\boldsymbol{K}$、$\boldsymbol{F}$、$\boldsymbol{\delta}$ 在各随机变量均值点的值；

α_i—— 随机变量 X_i 在均值点 m_{X_i} 处的微小摄动量，$\alpha_i = X_i - m_{X_i}$。

将式(5-3)、式(5-4) 和式(5-5) 代入支配方程式(5-1)，根据二阶摄动法得到如下方程：

$$\delta_0 = K_0^{-1}F_0 \tag{5-6}$$

$$\frac{\partial \delta}{\partial \alpha_i} = K_0^{-1}\left(\frac{\partial F}{\partial \alpha_i} - \delta_0\frac{\partial K}{\partial \alpha_i}\right) \tag{5-7}$$

$$\frac{\partial^2 \delta}{\partial \alpha_i \partial \alpha_j} = K_0^{-1}\left(\frac{\partial^2 F}{\partial \alpha_i \partial \alpha_j} - \delta_0 \frac{\partial^2 K}{\partial \alpha_i \partial \alpha_j} - \frac{\partial \delta}{\partial \alpha_i}\frac{\partial K}{\partial \alpha_j} - \frac{\partial K}{\partial \alpha_i}\frac{\partial \delta}{\partial \alpha_j}\right) \tag{5-8}$$

若取式(5-5)中保留二次项,可得节点位移二阶近似的均值和协方差为

$$E[\delta] = \delta_0 + \frac{1}{2}\sum_{i=1}^{n}\sum_{j=1}^{n}\frac{\partial^2 \delta}{\partial \alpha_i \partial \alpha_j}E[\alpha_i\alpha_j] \tag{5-9}$$

$$\begin{aligned}\mathrm{cov}(\delta,\delta^{\mathrm{T}}) = & \sum_{i=1}^{n}\sum_{j=1}^{n}\frac{\partial \delta}{\partial \alpha_i}\frac{\partial \delta^{\mathrm{T}}}{\partial \alpha_j}E[\alpha_i\alpha_j] + \sum_{i=1}^{n}\sum_{j=1}^{n}\sum_{k=1}^{n}\frac{\partial \delta}{\partial \alpha_i}\frac{\partial^2 \delta^{\mathrm{T}}}{\partial \alpha_j \partial \alpha_k}E[\alpha_i\alpha_j\alpha_k] + \\ & \frac{1}{4}\sum_{i=1}^{n}\sum_{j=1}^{n}\sum_{k=1}^{n}\sum_{l=1}^{n}\frac{\partial^2 \delta}{\partial \alpha_i \partial \alpha_j}\frac{\partial^2 \delta^{\mathrm{T}}}{\partial \alpha_k \partial \alpha_l}(E[\alpha_i\alpha_l][\alpha_j\alpha_k] + E[\alpha_i\alpha_k][\alpha_j\alpha_l])\end{aligned} \tag{5-10}$$

摄动随机有限元法是通过随机变量在其均值附近产生的随机扰动,得到结构位移响应的均值和协方差,因此概念明确,方法清楚。又因为是用泰勒级数将随机函数展开,故可根据对问题的精度要求取舍非线性项,所以该方法应用较广。应用摄动随机有限元法分析工程实际问题,由式(5-4)求得确定性位移 δ_0 以后,再求解式(5-5)中的 n 阶线性方程组和式(5-6)中的 n^2 阶的线性方程组,得到结点位移对各随机变量的一阶、二阶偏导数,然后代入式(5-9)和式(5-10)求得位移的均值和方差。注意到各线性方程组中的系数矩阵 K_0 均相同,因此求解上述递归方差组的计算工作量并不是很大。显然,采用一阶近似的方法计算响应的均值和协方差比较简单,计算效率也高,但要求摄动量是微小的(一般不超过均值的20%或30%);否则,得到的结果误差较大。二阶近似得到的结果精度较高,对摄动量的要求亦可适当放宽,特别是对于非线性问题,能够得到较好的结果,但是二阶近似算法的公式复杂,对于随机变量较多的情况,计算效率较低,使这一算法的实际应用受到影响。

5.2　组曼随机有限元法

纽曼(Neumann)随机有限元法是将 Neumann 级数展开式与随机有限元相结合而形成的一种方法。Neumann 级数展开式的形式如下:

$$(I - T)^{-1} = I + T + T^2 + T^3 + \cdots + T^k + \cdots \tag{5-11}$$

式中　I—— 恒同算子;

　　T——$\|T\| < 1$ 性算子。

对于有限元支配方程 $\boldsymbol{K\delta} = \boldsymbol{F}$,不妨设荷载 $\boldsymbol{F}$ 为确定性量(若 $\boldsymbol{F}$ 为非确定性量,该方法也适用,可参考有关文献)。设劲度矩阵 $\boldsymbol{K}$ 可表示为 $\boldsymbol{K} = \boldsymbol{K}_0 + \Delta\boldsymbol{K}$,则 $\boldsymbol{K}^{-1} = (\boldsymbol{K}_0 + \Delta\boldsymbol{K})^{-1}$,将其展开为 Neumann 级数得

$$\begin{aligned}\boldsymbol{K}^{-1} &= (\boldsymbol{K}_0 + \Delta\boldsymbol{K})^{-1} = \boldsymbol{K}_0^{-1}(I + \boldsymbol{K}_0^{-1}\Delta\boldsymbol{K})^{-1} = \boldsymbol{K}_0^{-1}(I + P)^{-1} \\ &= \boldsymbol{K}_0^{-1}(I - P + P^2 - P^3 + \cdots)\end{aligned} \tag{5-12}$$

式中　$\boldsymbol{K}_0$—— 随机变量均值处的劲度矩阵;

　　$\Delta\boldsymbol{K}$—— 劲度矩阵在 $\boldsymbol{K}_0$ 附近的波动量,$P = \boldsymbol{K}_0^{-1}\Delta\boldsymbol{K}$。

由于 $\boldsymbol{F}$ 为确定性量,所以有

$$\boldsymbol{\delta}_0 = \boldsymbol{K}_0^{-1}\boldsymbol{F} \tag{5-13}$$

将式(5-12)、式(5-13)代入支配方程式(5-11)可得

$$\delta = \delta_0(I - P + P^2 - P^3 + \cdots) = \delta_0 - P\delta_0 + P^2\delta_0 - P^3\delta_0 + \cdots + (-1)^m P^m \delta_0 + \cdots \tag{5-14}$$

令 $\delta_i = (-1)^m P^m \delta_0$,式(5-14)即为

$$\delta = \delta_0 - \delta_1 + \delta_2 - \delta_3 + \cdots + (-1)^m \delta_m + \cdots \tag{5-15}$$

于是可得如下的递推公式

$$\delta_m = (-1)^m P\delta_{m-1} = (-1)^m K_0^{-1} \Delta K \delta_{m-1} \tag{5-16}$$

由式(5-13)求出 δ_0 以后,即可由式(5-16)求得 $\delta_m(m = 1,2,\cdots)$。

MC 法是概率分析中常用的方法,其简单、直观和逐步逼近精确解的特点使这一方法一直受到人们的重视。但直接应用 MC 法求解随机有限元问题,常因其计算工作量巨大而难以实施。Yamazaki 和 Shinozuka 首次将随机有限元的 Neumann 级数展开式与 MC 法结合起来,解决工程结构随机场扰动而产生的随机响应问题,才使得 Neumann 随机有限元法在结构可靠度分析中逐步得到应用。

Neumann 级数展开式与 MC 法结合,求解结构由于材料特性参数随机场扰动而产生的随机响应问题,应首先将随机场离散为一组随机向量,然后用 MC 法得到该随机向量的抽样值,再由 Neumann 随机有限元的递推公式得到结构的响应量及其统计特性。

Neumann 随机有限元法由于采用了 MC 模拟技术,因此不受随机变量变异性的限制;又因为 Neumann 级数展开式可取至二阶以上的高阶项,所以计算精度可得到满足。可见,Neumann 随机有限元法是分析不确定性问题的较好方法。

5.3 谱随机有限元法

1990 年,Ghanem 和 Spanos 出版了专著《随机有限元:一个谱方法》(Stochastic Finite Elements:A Spectral Approach),因不考虑随机参数的变异系数大小的限制,使得该方法被广泛应用。针对高斯随机过程的均匀 Hermite 正交多项式展开。其中多维正交多项式是由基于高斯型随机变量的 Hermite 正交多项式构成,即

$$\Psi_\alpha(\{\xi\}) = \prod_{i=1}^{M} \vartheta_{\alpha_i}(\xi_i), \quad \alpha_i \geqslant 0 \tag{5-17}$$

其中,M 为正交多项式维数,表明随机变量 ξ 的个数,而正交多项式的阶数是随机变量 ξ 的最高次数;$\{\alpha_i, i = 1,\cdots,M\}$ 为构成多维正交多项式的 Hermite 多项式的下标数组。

利用正交多项式级数可将随机场 $H(x,\theta)$ 展开为:

$$H(x,\theta) = \sum_{i=0}^{p} H_i(x)\Psi_i(\xi) \tag{5-18}$$

其中,Hermite 正交多项式 $\{\Psi_j\}$ 形成了一组完备正交基,通过 Galerkin 投影法可求出系数 $H_i(x)$,即:

$$H_i(x) = \frac{\langle H(x,\theta)\Psi_i \rangle}{\langle \Psi_i^2 \rangle}, \quad \forall i \in (0,1,\cdots,p) \tag{5-19}$$

若正交多项式的维数与阶数确定以后,则正交多项式级数的项数就可确定。由此,针对

k 维 r 阶正交多项式可得其项数为 $p+1$ 项，其中 p 为

$$p=\sum_{s=1}^{q}\frac{1}{s!}\left\{\prod_{r=0}^{s-1}(k+r)\right\} \tag{5-20}$$

5.4　降维法

降维法(Dimension-Reduction Method) 由 S. Rahman 提出，运用将多维积分转化为低维甚至是一维数值积分的思想，来求解随机结构响应的前几阶原点矩和概率密度函数。该方法的推导引用了泰勒级数，但是无须求出泰勒级数中的各阶偏导数。下面简单给出一维降维法(Univariate Dimension-Reduction Method) 的推导过程：

对于一个连续可导的实函数 $y(x_1,x_2)$，x_1 和 x_2 是两个相互独立的变量，对于一个二维积分

$$I[y(x_1,x_2)]=\int_{-a}^{+a}\int_{-a}^{+a}y(x_1,x_2)\mathrm{d}x_1\mathrm{d}x_2 \tag{5-21}$$

若 $y(x_1,x_2)$ 的泰勒级数在$(x_1=0,x_2=0)$ 处收敛，则

$$\begin{aligned}y(x_1,x_2)=&\,y(0,0)+\frac{\partial y}{\partial x_1}(0,0)x_1+\frac{\partial y}{\partial x_2}(0,0)x_2+\frac{1}{2!}\frac{\partial^2 y}{\partial x_1^2}(0,0)x_1^2+\frac{\partial^2 y}{\partial x_1 x_2}(0,0)x_1x_2+\\&\frac{1}{2!}\frac{\partial^2 y}{\partial x_2^2}(0,0)x_2^2+\frac{1}{3!}\frac{\partial^3 y}{\partial x_1^3}(0,0)x_1^3+\frac{1}{2!}\frac{\partial^3 y}{\partial x_1^2 x_2}(0,0)x_1^2x_2+\\&\frac{1}{2!}\frac{\partial^3 y}{\partial x_1 x_2^2}(0,0)x_1x_2^2+\frac{1}{3!}\frac{\partial^3 y}{\partial x_2^3}(0,0)x_2^3+\frac{1}{4!}\frac{\partial^4 y}{\partial x_1^4}(0,0)x_1^4+\\&\frac{1}{3!}\frac{\partial^4 y}{\partial x_1^3 x_2}(0,0)x_1^3x_2+\frac{1}{2!2!}\frac{\partial^4 y}{\partial x_1^2 x_2^2}(0,0)x_1^2x_2^2+\frac{1}{3!}\frac{\partial^4 y}{\partial x_1 x_2^3}(0,0)x_1x_2^3+\\&\frac{1}{4!}\frac{\partial^4 y}{\partial x_2^4}(0,0)x_2^4+\cdots\end{aligned} \tag{5-22}$$

把泰勒级数式(5-22) 代入式(5-21) 可得

$$\begin{aligned}I[y(x_1,x_2)]=&\,I[y(0,0)]+\frac{1}{2!}\frac{\partial^2 y}{\partial x_1^2}(0,0)I[x_1^2]+\frac{1}{2!}\frac{\partial^2 y}{\partial x_2^2}(0,0)I[x_2^2]+\\&\frac{1}{4!}\frac{\partial^4 y}{\partial x_1^4}(0,0)I[x_1^4]+\frac{1}{2!2!}\frac{\partial^4 y}{\partial x_1^2x_2^2}(0,0)I[x_1^2x_2^2]+\frac{1}{4!}\frac{\partial^4 y}{\partial x_2^4}(0,0)I[x_2^4]+\cdots\end{aligned} \tag{5-23}$$

其中，当 k_1 或者 k_2 为奇数时，有

$$I[x_1^{k_1}x_2^{k_2}]=\int_{-a}^{+a}\int_{-a}^{+a}x_1^{k_1}x_2^{k_2}\mathrm{d}x_1\mathrm{d}x_2=\int_{-a}^{+a}x_1^{k_1}\mathrm{d}x_1\times\int_{-a}^{+a}x_2^{k_2}\mathrm{d}x_2=0$$

现构造形如下式的函数

$$\bar{y}(x_1,x_2)=y(x_1,0)+y(0,x_2)-y(0,0) \tag{5-24}$$

式(5-24) 中的 $y(x_1,0)$ 和 $y(0,x_2)$ 分别只含一个变量，它们都可以在$(x_1=0,x_2=0)$ 处进行泰勒展开，进而得到

$$\bar{y}(x_1,x_2)=y(0,0)+\frac{\partial y}{\partial x_1}(0,0)x_1+\frac{\partial y}{\partial x_2}(0,0)x_2+\frac{1}{2!}\frac{\partial^2 y}{\partial x_1^2}(0,0)x_1^2+\frac{1}{2!}\frac{\partial^2 y}{\partial x_2^2}(0,0)x_2^2+\frac{1}{3!}\frac{\partial^3 y}{\partial x_1^3}(0,0)x_1^3+\frac{1}{3!}\frac{\partial^3 y}{\partial x_2^3}(0,0)x_2^3+\frac{1}{4!}\frac{\partial^4 y}{\partial x_1^4}(0,0)x_1^4+\frac{1}{4!}\frac{\partial^4 y}{\partial x_2^4}(0,0)x_2^4+\cdots \tag{5-25}$$

观察式(5-25)和式(5-22)可知,级数 $y(x_1,x_2)$ 中包含了级数 $\bar{y}(x_1,x_2)$ 中的所有项,此时对于 $\bar{y}(x_1,x_2)$ 求积分有

$$I[\bar{y}(x_1,x_2)]=I[y(0,0)]+\frac{1}{2!}\frac{\partial^2 y}{\partial x_1^2}(0,0)I[x_1^2]+\frac{1}{2!}\frac{\partial^2 y}{\partial x_2^2}(0,0)I[x_2^2]+\frac{1}{4!}\frac{\partial^4 y}{\partial x_1^4}(0,0)I[x_1^4]+\frac{1}{4!}\frac{\partial^4 y}{\partial x_2^4}(0,0)I[x_2^4]+\cdots \tag{5-26}$$

式(5-26)是对原函数 $y(x_1,x_2)$ 积分的一维近似,它包含了式(5-23)中的所有一维积分项,两者的误差为

$$I[y(x_1,x_2)]-I[\bar{y}(x_1,x_2)]=\frac{1}{2!2!}\frac{\partial^4 y}{\partial x_1^2 x_2^2}(0,0)I[x_1^2x_2^2]+\cdots \tag{5-27}$$

这样,通过形如式(5-25)和式(5-26)的表达式就构成了对函数 $y(x_1,x_2)$ 求积分的一维降维法近似。推而广之,对于含 N 个变量的函数 $y(\boldsymbol{x})$,$\boldsymbol{x}=(x_1,x_2,\cdots,x_N)$,求此多元函数的积分

$$I[y(\boldsymbol{x})]=\int_{-a}^{+a}\cdots\int_{-a}^{+a}y(x_1,\cdots,x_N)\mathrm{d}x_1\cdots\mathrm{d}x_N \tag{5-28}$$

那么对于 $y(\boldsymbol{x})$,采用一维降维法有

$$\begin{aligned}\bar{y}(\boldsymbol{x})&=\bar{y}(x_1,\cdots,x_N)\\&=\sum_{i=1}^{N}y(0,\cdots,0,x_i,0,\cdots,0)-(N-1)y(0,\cdots,0)\end{aligned} \tag{5-29}$$

计算其积分

$$I[\bar{y}(\boldsymbol{x})]=I[y(\boldsymbol{0})]+\frac{1}{2!}\sum_{i=1}^{N}\frac{\partial^2 y}{\partial x_i^2}(\boldsymbol{0})I[x_i^2]+\frac{1}{4!}\sum_{i=1}^{N}\frac{\partial^4 y}{\partial x_i^4}(\boldsymbol{0})I[x_i^4]+\cdots \tag{5-30}$$

相比于原函数的积分误差为

$$I[y(\boldsymbol{x})]-I[\bar{y}(\boldsymbol{x})]=\frac{1}{2!2!}\sum_{i<j}\frac{\partial^4 y}{\partial x_i^2\partial x_j^2}(\boldsymbol{0})I[x_i^2x_j^2]+\cdots \tag{5-31}$$

若近似函数 $\bar{y}(\boldsymbol{x})$ 的泰勒级数展开至多变量的两两交叉项,即每一项中最多含有两个不同的变量,就会构成二维的降维法(Bivariate Dimension-Reduction Method),这样相比于原多维积分,低维积分的求解的难度和工作量就大大减少。同时,注意到以上推导过程中,所有变量的积分域都是相同且对称的,S. Rahman 也给出了将非对称域的变量转换为对称域变量的方法。

5.5 混合摄动-伽辽金法

5.5.1 幂级数

级数中简单而常见的一类就是各项都是幂函数的函数项级数,即所谓幂级数,它的形

式是

$$\sum_{n=0}^{\infty} a_n x^n = a_0 + a_1 x + a_2 x^2 + \cdots + a_n x^n + \cdots \tag{5-32}$$

其中，常数 $a_0, a_1, a_2, \cdots, a_n, \cdots$ 叫作幂级数的系数。例如

$$1 + x + x^2 + \cdots + x^n + \cdots,$$

$$1 + x + \frac{1}{2!}x^2 + \cdots + \frac{1}{n!}x^n + \cdots \tag{5-33}$$

都是幂级数。

对于一个给定的幂级数，它的收敛域与发散域是怎样的，即 x 取数轴上哪些点时幂级数收敛，取哪些点时幂级数发散。这就是幂级数的敛散性问题。

先看一个例子。考察幂级数 $1 + x + x^2 + \cdots + x^n + \cdots$ 的收敛性。当 $|x| < 1$ 时，这级数和收敛于 $\frac{1}{1-x}$；当 $|x| \geqslant 1$ 时，这级数发散。因此，这幂级数的收敛域是开区间 $(-1,1)$，发散域是 $(-\infty, -1]$ 及 $[1, +\infty)$，并有

$$\frac{1}{1-x} = 1 + x + x^2 + \cdots + x^n + \cdots \qquad (-1 < x < 1) \tag{5-34}$$

在这个例子中可以看到，这个幂级数的收敛域是一个区间，事实上，这个结论对于一般的幂级数也是成立的，下面介绍几个定理。

定理1（阿贝尔定理） 如果级数 $\sum_{n=0}^{\infty} a_n x^n$ 在 $x = x_0 (x_0 \neq 0)$ 时收敛，则适合不等式 $|x| < |x_0|$ 的一切 x 使这幂级数绝对收敛。

该定理表明，如果幂级数在 $x = x_0$ 处收敛，则对于开区间 $(-|x_0|, |x_0|)$ 内的任何 x，幂级数都收敛；如果幂级数在 $x = x_0$ 处发散，则对于闭区间 $[-|x_0|, |x_0|]$ 外的任何 x，幂级数都会发散。

推论 如果幂级数 $\sum_{n=0}^{\infty} a_n x^n$ 不是仅在 $x = 0$ 处收敛，也不是在整个数轴上都收敛，则必有一个确定的正数 R 存在，使得当 $|x| < R$ 时，幂级数绝对收敛；当 $|x| > R$ 时，幂级数发散；当 $|x| = R$ 时，幂级数可能收敛也可能发散。

正数 R 通常叫作幂级数的收敛半径，开区间 $(-R,R)$ 叫作幂级数式(5-34)的收敛区间。再由幂级数在 $x = \pm R$ 处的收敛性就可以决定它的收敛域是 $(-R,R)$、$[-R,R]$、$(-R,R]$ 或 $[-R,R)$ 这四个区间之一。

如果幂级数式(5-34)只在 $x = 0$ 处收敛，这时收敛域只有一个点 $x = 0$，为了方便起见，规定这时收敛半径 $R = 0$；如果幂级数式(5-34)对一切 x 都收敛，则规定收敛半径 $R = +\infty$，这时收敛域为 $(-\infty, +\infty)$。这两种情形确实都是存在的，关于幂级数的收敛半径求法，有下面的定理。

定理2 如果 $\lim_{n\to\infty}\left|\frac{a_{n+1}}{a_n}\right| = \rho$，其中 a_n、a_{n+1} 是幂级数 $\sum_{n=0}^{\infty} a_n x^n$ 的相邻两项的系数，则这幂级数的收敛半径

$$R=\begin{cases}\dfrac{1}{\rho},\rho\neq 0\\+\infty,\rho=0\\0,\rho=+\infty\end{cases}$$

关于幂级数的和函数有下列重要性质：

性质 1 幂级数 $\sum\limits_{n=0}^{\infty}a_nx^n$ 的和函数 $S(x)$ 在其收敛域 I 上连续。

性质 2 幂级数 $\sum\limits_{n=0}^{\infty}a_nx^n$ 的和函数 $S(x)$ 在其收敛域 I 上可积，并有逐项积分公式

$$\int_0^x S(x)\mathrm{d}x=\int_0^x\Big[\sum_{n=0}^{\infty}a_nx^n\Big]\mathrm{d}x=\int_0^x\sum_{n=0}^{\infty}a_nx^n\mathrm{d}x=\sum_{n=0}^{\infty}\frac{a_n}{n+1}x^{n+1}\qquad(x\in I)$$

逐项积分后所得到的幂级数和原级数有相同的收敛半径。

性质 3 幂级数 $\sum\limits_{n=0}^{\infty}a_nx^n$ 的和函数 $S(x)$ 在其收敛区间$(-R,R)$内可导，且有逐项求导公式

$$S'(x)=\Big(\sum_{n=0}^{\infty}a_nx^n\Big)'=\sum_{n=0}^{\infty}(a_nx^n)'=\sum_{n=0}^{\infty}na_nx^{n-1}\qquad(|x|<R)$$

逐项求导后所得到的幂级数和原级数有相同的收敛半径。

反复应用上述结论可得：幂级数 $\sum\limits_{n=0}^{\infty}a_nx^n$ 的和函数 $S(x)$ 在其收敛区间$(-R,R)$内具有任意阶导数。

前面讨论了幂级数的收敛域及其和函数的性质。但在许多应用中，遇到的却是相反的问题：给定函数 $f(x)$，要考虑它是否能在某个区间内展开成幂级数，就是说，是否能找到这样一个幂级数，它在某区间内收敛，且恰好就是给定的函数 $f(x)$。如果能找到这样的幂级数，我们就说，函数 $f(x)$ 在该区间内能展开成幂级数，而这个幂级数在该区间内就表达了函数 $f(x)$。

假设函数 $f(x)$ 在点 x_0 的某邻域 $U(x_0)$ 内能展开成幂级数，即有

$$f(x_0)=a_0+a_1(x-x_0)+a_2(x-x_0)^2+\cdots+a_n(x-x_0)^n+\cdots,x\in U(x_0)\tag{5-35}$$

那么，根据和函数的性质，可知 $f(x)$ 在 $U(x_0)$ 内应具有任意阶导数，且

$$f^{(n)}(x_0)=n!a_n+(n+1)!a_{n+1}(x-x_0)+\frac{(n+2)!}{2!}a_{n+2}(x-x_0)^2+\cdots$$

由此可得

$$f^{(n)}(x_0)=n!a_n$$

于是

$$a_n=\frac{1}{n!}f^{(n)}(x_0)\qquad(n=0,1,2,\cdots)\tag{5-36}$$

这就表明，如果函数 $f(x)$ 有幂级数展开式(5-35)，那么该幂级数的系数 a_n 由式(5-36)确定，即该幂级数必为

$$f(x_0)+f'(x_0)(x-x_0)+\cdots+\frac{1}{n!}f^{(n)}(x_0)(x-x_0)^n+\cdots$$
$$=\sum_{n=0}^{\infty}\frac{1}{n!}f^{(n)}(x_0)(x-x_0)^n \tag{5-37}$$

而展开式必为

$$f(x)=\sum_{n=0}^{\infty}\frac{1}{n!}f^{(n)}(x_0)(x-x_0)^n,\quad x\in U(x_0) \tag{5-38}$$

幂级数式(5-37)叫作函数 $f(x)$ 在点 x_0 处的泰勒级数。

相应的级数 $\sum_{n=0}^{\infty}\sum_{j=0}^{n}a_{nj}x^{n-j}y^j$，称为二维幂级数。

从而可以推广到多维幂级数，其形式如

$$f(x_1,\cdots,x_n)=\sum_{j_1,\cdots,j_n=0}^{\infty}a_{j_1,\cdots,j_n}\prod_{k=1}^{n}(x_k-c_k)^{jk} \tag{5-39}$$

其中，$\boldsymbol{J}=(j_1,\cdots,j_n)$ 是一个系数为非负整数的向量；系数 $a_{j_1,\cdots,j_n}$ 通常是实数或复数；$\boldsymbol{C}=(c_1,\cdots,c_n)$ 和变量 $\boldsymbol{X}=(x_1,\cdots,x_n)$ 是实数或复数系数的向量。

5.5.2 多维幂级数展开

5.5.1 节介绍了幂级数，这里可以利用多维幂级数来研究各种随机问题。举一个例子，如果将随机结构的位移响应向量 $\boldsymbol{d}$ 定义为幂级数展开，那么这个幂级数是一个向量幂级数，假设只有一个随机变量，则该展开式可表达如下：

$$\boldsymbol{d}(\alpha)=\boldsymbol{d}_0+\boldsymbol{d}_1\alpha+\boldsymbol{d}_2\alpha^2+\boldsymbol{d}_3\alpha^3+\cdots \tag{5-40}$$

其中，α 表示一个随机变量；$\boldsymbol{d}_0$、$\boldsymbol{d}_1$、$\boldsymbol{d}_2$、… 表示未知的确定性系数向量。

若有两个随机变量，则位移响应向量 $\boldsymbol{d}$ 可表达如下：

$$\boldsymbol{d}(\alpha_1,\alpha_2)=\boldsymbol{d}_0+\boldsymbol{d}_1\alpha_1+\boldsymbol{d}_2\alpha_2+\boldsymbol{d}_3\alpha_1^2+\boldsymbol{d}_4\alpha_2\alpha_1+\boldsymbol{d}_5\alpha_2^2+\boldsymbol{d}_6\alpha_1^3+\boldsymbol{d}_7\alpha_2\alpha_1^2+\boldsymbol{d}_8\alpha_2^2\alpha_1+\boldsymbol{d}_9\alpha_2^3+\cdots \tag{5-41}$$

其中，α_1、α_2 表示两个相互独立的随机变量；$\boldsymbol{d}_0$、$\boldsymbol{d}_1$、$\boldsymbol{d}_2$、$\boldsymbol{d}_3$、$\boldsymbol{d}_4$、$\boldsymbol{d}_5$、… 表示未知的确定性系数向量。

同理可以扩展到 n 个随机变量的情况，为了统一格式，这时位移响应向量 $\boldsymbol{d}$ 的展开式可以表示如下：

$$\boldsymbol{d}(\alpha)=\boldsymbol{d}_0+\sum_{i=1}^{n}\boldsymbol{d}_i\alpha_i+\sum_{i=1}^{n}\sum_{j=1}^{i}\boldsymbol{d}_{ij}\alpha_i\alpha_j+\sum_{i=1}^{n}\sum_{j=1}^{i}\sum_{k=1}^{j}\boldsymbol{d}_{ijk}\alpha_i\alpha_j\alpha_k+\cdots \tag{5-42}$$

其中，$\alpha=\{\alpha_1,\alpha_2,\cdots,\alpha_n\}$，$\alpha_i(i=1,2,\cdots,n)$ 是相互独立的随机变量；$\boldsymbol{d}_0$、$\boldsymbol{d}_1$、$\boldsymbol{d}_2$、…（简称 $\boldsymbol{d}.$）是未知的确定性系数向量。

5.5.3 高阶摄动法

下面来介绍在静力作用下的结构平衡方程，当外荷载结构系统在影响下发生小变形时，其静力平衡方程可以表达为如下形式：

$$\boldsymbol{Kd}=\boldsymbol{f} \tag{5-43}$$

式中 $\boldsymbol{d}$—— 结构节点位移向量；

$\boldsymbol{f}$—— 结构节点荷载向量；

$\boldsymbol{K}$—— 结构的整体刚度矩阵。

在现实生活中，结构系统的材料性能、几何形状、边界条件和外部荷载等有可能是随机的，这时式(5-43) 中的 $\boldsymbol{K}$ 以及 $\boldsymbol{f}$ 也是随机的。

若随机结构系统的弹性模量 $\boldsymbol{E}$ 是一个连续的随机场，通过 K-L 展开，可以将随机结构的刚度矩阵表示为

$$\boldsymbol{K}(\alpha) = \boldsymbol{K}_0 + \sum_{i=1}^{n_1} \alpha_i \boldsymbol{K}_i \tag{5-44}$$

式中 n_1—— 随机场中随机变量的个数；

$\boldsymbol{K}_0$——$N \times N$ 维的确定性均值刚度矩阵；

$\boldsymbol{K}_i$——$N \times N$ 维确定性伴随矩阵。

假设外部荷载包含 l 个随机变量，可以表示为

$$\boldsymbol{f}(\boldsymbol{\alpha}) = \boldsymbol{f}_0 + \sum_{i=n_1+1}^{n} \alpha_i \boldsymbol{f}_i \qquad (n = n_1 + l) \tag{5-45}$$

式中 n—— 结构随机变量的总数；

$\boldsymbol{f}_0$—— 结构外荷载的均值向量；

$\boldsymbol{f}_i$——$N \times 1$ 维确定性伴随向量。

到这里，式(5-43) 中的各个物理量都已被具体表示，这时可以将式(5-44)、式(5-42)、式(5-45) 代入式(5-43)，并将 α_0 设为 1，可以得到下式：

$$\left[\sum_{i=0}^{n} \alpha_i \boldsymbol{K}_i\right]\left[\boldsymbol{d}_0^{(n)} \alpha_0 + \sum_{i=1}^{n} \boldsymbol{d}_i^{(n)} \alpha_i + \sum_{i=1}^{n} \sum_{j=1}^{i} \boldsymbol{d}_{ij}^{(n)} \alpha_i \alpha_j + \cdots\right] = \left[\sum_{i=0}^{n} \alpha_i \boldsymbol{f}_i\right] \tag{5-46}$$

其中

$$\boldsymbol{K}_i = \boldsymbol{0} \qquad (i = n_1 + 1, \cdots, n)$$

$$\boldsymbol{f}_i = \boldsymbol{0} \qquad (i = 1, \cdots, n_1)$$

由于上式中每个随机向量必须满足方程式(5-46)，所以该方程两边同阶次的幂级数展开系数之和必须为零，从而就可分别建立一系列的确定性递推方程，再利用高阶摄动法，可以得到幂级数展开的系数向量 $\boldsymbol{d}.$。若不考虑交叉项或者只考虑两个变量的交叉项，可同理得到相应未知的确定性系数向量。

下面介绍如何确定 n 个随机变量幂级数展开系数向量的求解过程，在方程式(5-46) 的基础上，可以导出一系列确定性代数方程。

首先，零阶方程可以表示为

$$\boldsymbol{K}_0 \boldsymbol{d}_0 = \boldsymbol{f}_0 \tag{5-47}$$

则通过式(5-47) 可以推出 $\boldsymbol{d}_0$ 的表达式为

$$\boldsymbol{d}_0 = \boldsymbol{K}_0^{-1} \boldsymbol{f}_0 \tag{5-48}$$

考虑 α_i 项，一阶方程可以表示为

$$\boldsymbol{K}_0 \boldsymbol{d}_i + \boldsymbol{K}_i \boldsymbol{d}_0 = \boldsymbol{f}_i \qquad (i = 1, 2, \cdots, n) \tag{5-49}$$

则一阶幂级数的未知系数 $\boldsymbol{d}_i$ 可以表示为

$$\boldsymbol{d}_i = \boldsymbol{K}_0^{-1}(\boldsymbol{f}_i - \boldsymbol{K}_i\boldsymbol{d}_0) \qquad (i = 1,2,\cdots,n) \tag{5-50}$$

考虑 $\alpha_i\alpha_j$ 项，二阶方程可以表示为

$$\boldsymbol{K}_0\boldsymbol{d}_{ij} + (\boldsymbol{K}_i\boldsymbol{d}_j + \boldsymbol{K}_j\boldsymbol{d}_i)(1-\delta_{ij}/2) = 0 \qquad (i = 1,2,\cdots,n; j = 1,2,\cdots,i) \tag{5-51}$$

则二阶幂级数的未知系数 $\boldsymbol{d}_{ij}$ 可以表示为

$$\boldsymbol{d}_{ij} = -\boldsymbol{K}_0^{-1}[(\boldsymbol{K}_i\boldsymbol{d}_j + \boldsymbol{K}_j\boldsymbol{d}_i)(1-\delta_{ij}/2)] \qquad (i = 1,2,\cdots,n; j = 1,2,\cdots,i) \tag{5-52}$$

其中，δ_{ij} 表示 Kronecker 算子。

考虑 $\alpha_i\alpha_j\alpha_k$ 项，三阶方程可表示如下：

$$\boldsymbol{K}_0\boldsymbol{d}_{ijk} + \boldsymbol{K}_i\boldsymbol{d}_{jk}\delta_{ijk} = 0 \qquad (i = 1,2,\cdots,n; j = 1,2,\cdots,i; k = 1,2,\cdots,j) \tag{5-53}$$

则三阶幂级数的未知系数 $\boldsymbol{d}_{ijk}$ 可表示为

$$\boldsymbol{d}_{ijk} = -\boldsymbol{K}_0^{-1}\boldsymbol{K}_i\boldsymbol{d}_{jk}\delta_{ijk} \qquad (i = 1,2,\cdots,n; j = 1,2,\cdots,i; k = 1,2,\cdots,j) \tag{5-54}$$

$$\boldsymbol{K}_i\boldsymbol{d}_{jk}\delta_{ijk} = \begin{cases} \boldsymbol{K}_i\boldsymbol{d}_{jk} & (\sum\delta = 3) \\ \boldsymbol{K}_i\boldsymbol{d}_{jk} + \begin{matrix}\boldsymbol{K}_k\boldsymbol{d}_{ji}(\delta_{ij} = 1) \\ \boldsymbol{K}_j\boldsymbol{d}_{ik}(\delta_{jk} = 1)\end{matrix} & (\sum\delta = 1) \\ \boldsymbol{K}_i\boldsymbol{d}_{jk} + \boldsymbol{K}_j\boldsymbol{d}_{ik} + \boldsymbol{K}_k\boldsymbol{d}_{ij} & (\sum\delta = 0) \end{cases} \qquad (i = 1,2,\cdots,n; j = 1,2,\cdots,i; k = 1,2,\cdots,j) \tag{5-55}$$

其中

$$\sum\delta = \delta_{ij} + \delta_{ik} + \delta_{jk}$$

同理可以推导出其他阶幂级数相应的系数向量，以及 $\boldsymbol{d}_\cdot^{(1)}$ 和 $\boldsymbol{d}_\cdot^{(2)}$，甚至是 $\boldsymbol{d}_\cdot^{(P)}$。但在工程实际计算中，一般只取级数前 m 阶项以便提高计算效率，但有关学者发现其收敛速度往往并不理想，为了克服这一缺陷，接下来选择利用伽辽金投影法进行系数向量修正。

5.5.4　伽辽金投影法

5.5.3 节中高阶摄动收敛速度往往不是很理想，为了克服这一缺陷，在高阶摄动方法的基础上，再利用伽辽金投影法，这时的试函数则选择了一组 $N\times1$ 维基向量 $\boldsymbol{\Phi}_i(i=0,1,\cdots,m)$，实际上，为了保证计算效率，只有 $m+1$ 项基向量被采用了。因此，对随机位移响应向量 $\boldsymbol{d}$ 的表达式可以重新被写为下式：

$$\boldsymbol{d}^m = \sum_{i=0}^{m}\beta_i\boldsymbol{\Phi}_i \tag{5-56}$$

式中　$\boldsymbol{d}^m$——一个 $N\times1$ 维向量；

$\beta_i(i=0,1,\cdots,m)$——坐标函数 $\boldsymbol{\Phi}_i(i=0,1,\cdots,m)$ 的未知系数；

$\boldsymbol{\Phi}_i$——新的多项式基向量。

$\boldsymbol{\Phi}_i$ 具体可以表示为：

$$\boldsymbol{d}_0\varphi_0、\sum_{i=1}^{n}\boldsymbol{d}_i\varphi_1(\alpha_i)、\sum_{i=1}^{n}\sum_{j=1}^{i}\boldsymbol{d}_{ij}\varphi_2(\alpha_i,\alpha_j)、\sum_{i=1}^{n}\sum_{j=1}^{i}\sum_{k=1}^{j}\boldsymbol{d}_{ijk}\varphi_3(\alpha_i,\alpha_j,\alpha_k)、\cdots$$

为了得到未知系数 $\beta_i(i=0,1,\cdots,m)$，通过将方程式(5-46)两边同乘基向量 $\boldsymbol{\Phi}_k$ 并取期望，从而投影到由基向量 $\boldsymbol{\Phi}_i$ 构成的概率空间。因此，可以得到下式：

$$\sum_{j=0}^{m}\overline{K}_{kj}\beta_j=\overline{f}_k \qquad (k=0,1,\cdots,m) \tag{5-57}$$

其中，$\overline{K}_{kj}$ 和 $\overline{f}_k$ 分别可以表示：$\overline{K}_{kj}=\sum_{i=0}^{n}\langle\alpha_i\boldsymbol{\Phi}_k^{\mathrm{T}}\boldsymbol{K}_i\boldsymbol{\Phi}_j\rangle$，$\overline{f}_k=\sum_{i=0}^{n}\langle\alpha_i\boldsymbol{\Phi}_k^{\mathrm{T}}\boldsymbol{f}_i\rangle$；$\langle\cdot\rangle$ 表示数学期望的运算符。

位移矢量 $\boldsymbol{d}^m$ 是方程式(5-42)中 $\boldsymbol{d}$ 的一个截断，随机误差向量可以写为：

$$\boldsymbol{e}(\boldsymbol{\alpha})=\boldsymbol{K}\boldsymbol{d}^m-\boldsymbol{K}\boldsymbol{d} \tag{5-58}$$

从而方程式(5-58)可以写成：

$$\langle\boldsymbol{\Phi}_k^{\mathrm{T}},\boldsymbol{K}(\boldsymbol{d}^m-\boldsymbol{d})\rangle=0 \qquad (k=0,1,\cdots,m) \tag{5-59}$$

式(5-59)表明，随机误差向量 $\boldsymbol{e}(\boldsymbol{\alpha})$ 与基向量 $\boldsymbol{\Phi}_k$ 正交，这是误差函数最小化的充分必要条件。

通过求解 $(m+1)\times(m+1)$ 维线性代数方程组，可以求解出 $\beta_0,\beta_1,\cdots,\beta_m$ 这些未知系数。总结该方法的计算步骤如下：

① 可根据 K-L 展开技术，建立了方程式(5-44)的随机刚度矩阵和方程式(5-45)的荷载矩阵；

② 通过式(5-42)表示出结构位移响应的表达式，利用高阶摄动法计算初始系数 $\boldsymbol{d}$.；

③ 基于所得到的幂级数确定伽辽金试函数 $\boldsymbol{\Phi}_i(i=0,1,\cdots,m)$；

④ 用 $\beta_i(i=0,1,\cdots,m)$ 重新定义位移响应向量的表达式(5-56)；

⑤ 对方程式(5-46)运用伽辽金投影法，求解线性代数方程组，从而得到 $\beta_i(i=0,1,\cdots,m)$。

同理，若不考虑交叉项或者只考虑两个变量的交叉项，甚至是 P 个变量的交叉项可以利用类似的步骤进行计算。为了区分利用不同方法计算出的结果，基于单变量幂级数展开和双变量幂级数展开的混合摄动-伽辽金有限元方法分别被命名为单变量的混合摄动-伽辽金法和双变量的混合摄动-伽辽金法。

本章参考文献

[1] HASSELMAN T K, HART G C. Modal analysis of random structural systems[J]. Journal of the Engineering Mechanics Division, 1972, 98(2): 561-579.

[2] KAMIŃSKI M. On stochastic finite element method for linear elastostatics by the Taylor expansion[J]. Structural & Multidisciplinary Optimization, 2008, 35(3): 213-223.

[3] DITLEVSEN O. Taylor expansion of series system reliability[J]. Journal of Engineering Mechanics, 1984, 110(2): 293-307.

[4] YAMAZAKI F, SHINOZUKA M, DASGUPTA G. Neumann expansion for stochastic fnite element analysis[J]. Journal of Engineering Mechanics, 1988, 114(8): 1335-1354.

[5] LEE J H, KWAK B M. Reliability-based structural optimal design using the Neumann expansion

technique[J]. Computers & Structures, 1995, 55(2): 287-296.

[6] XU H, RAHMAN S. A generalized dimension-reduction method for multidimensional integration in stochastic mechanics[J]. Probabilistic Engineering Mechanics, 2004, 19(4): 393-408.

[7] KAMIŃSKI M. On the dual iterative stochastic perturbation-based finite element method in solid mechanics with Gaussian uncertainties[J]. International Journal for Numerical methods in Engineering, 2015, 104(11): 1038-1060.

[8] HUANG B, LI Q S, TUAN A Y, et al. Recursive approach for random response analysis using non-orthogonal polynomial expansion[J]. Computational Mechanics, 2009, 44(3): 309-320.

6 结构静力可靠性分析

6.1 结构工程可靠性分析

6.1.1 正常使用极限状态可靠度

在结构设计中，除了要保证结构在极端荷载下的安全性外，还要保证结构在正常使用荷载下具有必要的使用功能，即满足适用性的要求，相应的极限状态为正常使用极限状态。按统一标准的规定，正常使用极限状态的分析包括变形、局部损坏和振动等。尽管超过正常使用极限状态不会造成结构灾难性的破坏和损失，但会严重影响结构的正常使用。设计经验表明，在有些情况下，适用性要求会成为结构设计的控制因素，因此，应予以重视。

（1）结构的变形和局部损坏

变形是指结构在荷载作用下的位移、挠曲、转角等。荷载引起的变形包括竖向变形和水平变形。竖向变形多指受弯构件的挠度和基础的沉降，主要是由结构的永久荷载和竖向可变荷载引起的，水平变形多指建筑物的顶点位移或层间相对位移，一般是由风荷载和地震作用引起的。对于办公或民用结构，构件的竖向变形过大可能会造成砖砌体或隔墙开裂，天花板、模板损坏，覆盖层渗漏，橱窗或装饰层损坏，可移动部件（如门窗）受阻等；对于工业建筑，构件变形过大除产生上述不良后果外，还可能会出现吊车车轮卡轨等不良后果，影响工作和生产；结构水平变形过大可能会使垂直运输的电梯运行不畅，装修层、玻璃幕墙损坏等。在现行的结构设计规范中，受弯构件的竖向变形是通过限制构件的极限跨高比（规范中给出无须做挠度验算的梁和单向板的最小厚度）和对构件进行变形验算来控制的，并且规范给出了混凝土开裂后构件刚度的计算公式；水平变形是通过对结构顶点位移和层间变形验算来控制的。国际上对竖向变形的验算分为标准组合、频遇组合和准永久值，我国建筑结构规范则采用短期组合和长期组合计算变形，与国际标准的标准组合和准永久组合相当。长期变形考虑了混凝土徐变、收缩等因素的影响。

对于承受反复荷载作用的结构，除产生瞬时变形外，还会因疲劳累积损伤，产生残余变形。等幅反复荷载试验表明，随反复荷载作用次数的增加，残余变形呈现从快速增加到稳定增加，再到快速增加的形式，这三个阶段对应于混凝土的裂缝萌生、稳定扩展、不稳定扩展的过程。

局部损坏是指在结构构件和非结构构件中出现的区域性破坏。它不直接影响结构安全或暂时不影响结构安全。局部损坏会引起结构漏气、漏水，使混凝土中的钢筋锈蚀等。混凝土结构的裂缝是一种最常见的局部损坏。引起裂缝的原因很多，荷载引起的裂缝可通过计算来分析从而采取措施进行控制，其他的裂缝则从选材、设计、施工和养护等方面采取措施来消除或减轻。混凝土结构设计规范除提供了最大裂缝宽度的计算方法外，也提供了无须做裂缝宽度验算的规定。

(2) 结构的振动

振动是指结构对动力激励荷载的响应。正常使用极限状态考虑的振动包括楼板的竖向振动和结构的水平振动。楼板的振动又可分为人活动引起的振动和机器运转引起的振动。振动造成的不利影响主要从三个方面考虑：对结构的影响、对人的影响、对机器和设备的影响。对结构的影响包括使结构产生疲劳、局部变形、材料性质发生变化及损坏非结构构件等；对人的影响包括对使用者产生干扰，影响办公效率，令使用者感到恐慌等；对机器和设备的影响包括影响机器的使用，影响设备和仪器的精度等。

根据可靠性基本理论，如果只考虑两个基本变量 R 与 S，且极限状态方程为线性方程的情况，那么极限状态方程可写为：

$$Z = R - S$$

式中　Z—— 混凝土构件的功能函数；

R—— 混凝土构件的广义抗力，包括强度、刚度、抗裂度及裂缝宽度等；

S—— 混凝土构件的荷载效应。

Z、R、S 均为随机变量。功能函数可用于反映混凝土构件所处的状态：$Z > 0$，即抗力 R 大于效应 S，混凝土构件处于可靠状态；$Z < 0$，即抗力 R 小于效应 S，混凝土构件处于失效状态；$Z = 0$，即抗力 R 等于效应 S 时，混凝土构件处于正常使用极限状态。

混凝土结构构件的正常使用可靠指标 U 的计算公式为：

$$U = H^{-1}(1 - P_f) = H^{-1}\left[1 - \int_{-\infty}^{0} f(Z)\mathrm{d}Z\right]$$

6.1.1.1　基于挠度的可靠度分析

《混凝土结构设计规范》(GB 50010—2010，2015 年版) 对服役混凝土结构构件的裂缝宽度和挠度均有一定的要求。当混凝土结构构件裂缝宽度或挠度过大时，会影响建筑物的适用性。根据这一要求，可以对正常使用极限状态控制设计的混凝土结构构件进行可靠度分析。

以混凝土受弯构件为例，介绍由挠度控制的正常使用极限状态。根据混凝土结构设计规范，在荷载短期效应组合作用下，混凝土矩形截面受弯构件的短期刚度，可按下列公式计算：

$$B_s = \frac{E_s A_s h_0^2}{1.15\left[1.1 - \frac{0.65 f_{tk}}{d_{te} e_{ss}}\right] + 0.2 + \frac{6E_s A_s}{E_c b h_0}} \tag{6-1}$$

式中　E_s—— 混凝土弹性模量(MPa)；

f_{tk}—— 混凝土结构构件的混凝土轴心抗拉强度标准值(MPa)；

e_{ss}—— 纵向受拉钢筋应力(MPa)；

d_{te}—— 有效受拉混凝土截面面积计算的纵向受拉钢筋配筋率；

h_0—— 截面的有效高度(mm)；

b—— 截面的宽度(mm)；

A_s—— 钢筋截面面积(mm^2)。

根据《混凝土结构设计规范》(GB 50010—2010，2015 年版)，受弯构件长期刚度按下式计算：

$$B_1 = \frac{M_s}{M_1(\theta - 1) + M_s} B_s \tag{6-2}$$

式中 M_s—— 按荷载短期效应组合计算的弯矩值，$M_s = M_G + M_Q$；

M_1—— 按荷载长期效应组合计算的弯矩值，$M_1 = M_G + J_q M_Q$；

M_G—— 永久荷载标准值产生的弯矩值；

M_Q—— 可变荷载标准值产生的弯矩值；

J_q—— 荷载效应组合的准永久值系数；

θ—— 考虑荷载长期效应组合对挠度增大的影响系数。

根据结构力学知识可知，受弯构件挠度为：

$$f = \frac{5}{48} \frac{M_s}{B_1} l_0^2 \tag{6-3}$$

式中 l_0—— 构件的计算跨度。

将式(6-1)和式(6-2)代入式(6-3)中，就得到了受弯构件在荷载长期作用下的挠度表达式，这可作为由挠度控制的正常使用极限状态的荷载效应。挠度控制的正常使用极限状态的抗力可按规范规定的允许挠度值$[f]$确定。

6.1.1.2 极限状态方程的确定

以混凝土结构构件的挠度计算值 f 达到规范规定的相应允许值$[f]$为构件达到正常使用极限状态的标准，并建立极限状态方程如下：

$$Z = [f] - T_f^{\circ} f \tag{6-4}$$

式中 $[f]$—— 规范规定的相应允许挠度值；

f—— 混凝土结构构件的挠度计算值；

T_f°—— 挠度计算模式不定系数。

设计目标可靠度的大小对设计结果影响很大。如果目标可靠度定得高，则建筑造价增大；如果目标可靠度定得低，结构会设计得相对不够保守，可能危及结构的安全。因此，目标可靠指标的确定应以可靠性和经济性达到平衡为原则，一般考虑以下四个因素：① 公众心理；② 结构重要性；③ 结构破坏后果；④ 社会经济承受能力。目标可靠指标的确定是一项非常复杂的统计工作，随结构类型、性质以及一个国家的综合国力的强弱而有所差异。一般来说，对于重要结构(如核电站、国家级电视发射塔等)，目标可靠指标应定得高些；而对于一些次要结构(如临时仓库、车棚等)，目标可靠指标可定得低些。我国现行的建筑结构目标可靠指标如表 6-1 所示。

表 6-1 我国现行的建筑结构目标可靠指标

破坏性质	重要结构	一般结构	次要结构
延性结构	3.7	3.2	2.7
脆性结构	4.2	3.7	3.2

国外目标可靠指标与我国的标准有所差别。Meyerhof 通过对一些发生破坏的基础工

程、路堤、围护结构等进行分析并结合工程经验，给出了不同结构的失效概率和对应的目标可靠指标（表 6-2）。Baccher 和 Christian (2003) 认为基础设计对应的目标可靠指标 β_T 在 2.0 ～3.0 之间，其中 2.0 适用于高冗余度的不重要的设计，3.0 适用于低冗余度的重要设计。

表 6-2　结构的失效概率和目标可靠指标(Meyerhor 1993,1995)

结构	失效概率	可靠指标
钢结构	$<1\times10^{-4}$	>3.7
钢筋混凝土结构	$5\times10^{-4}\sim1\times10^{-5}$	$3\sim4.3$
海洋结构基础	$1\times10^{-2}\sim4\times10^{-3}$	$2.3\sim2.7$
土方工程	$4\times10^{-3}\sim1\times10^{-3}$	$2.7\sim3.1$
支护结构	$1\times10^{-3}\sim4\times10^{-4}$	$3.1\sim3.4$
建筑物基础	$4\times10^{-4}\sim1\times10^{-4}$	$3.4\sim3.7$

应该指出，由于各国荷载和抗力标准值确定的方式不同，设计目标可靠度的水准也有差异，因此不同国家设计表达式的分项系数取值均不一致。各个国家的荷载分项系数、抗力分项系数与荷载标准值和抗力标准值是配套使用的。不能采用某一个国家的荷载标准值或抗力标准值，而套用另一个国家的设计表达式进行设计。

【例 6-1】　一个非均质悬臂梁，集中力 F 作用在自由端，如图 6-1 所示。梁的全长 6 m，悬臂梁被分为 12 个有限单元。假定悬臂梁的抗弯刚度和集中力都是随机的。左右两端的抗弯刚度 EI_1、EI_2 及 F 的均值分别为 3.8×10^4 kN・m²、3.6×10^4 kN・m² 和 5 kN。

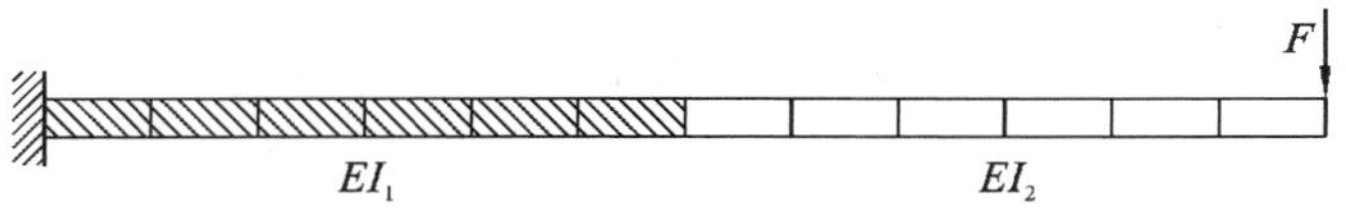

图 6-1　非均质悬臂梁

假定 EI_1、EI_2 及 F 的分布类型都是 β 分布，其概率密度函数如下：

$$f(\alpha_i)=\frac{(\alpha_i-a)^{\beta}(b-\alpha_i)^{\alpha}}{(b-a)^{\alpha+\beta+1}B(\alpha+1,\beta+1)}\qquad(a\leqslant\alpha_i\leqslant b,i=1,2,3)\tag{6-5}$$

其中，$\alpha=\beta=1$，$\alpha_i(i=1,2)$ 表示 EI_i，α_3 表示 F。

$$\begin{cases}a=EI_{0i}(1-\sqrt{5}\cdot\delta_i),b=EI_{0i}(1+\sqrt{5}\cdot\delta_i)\qquad(i=1,2)\\a=F_0(1-\sqrt{5}\cdot\delta_i),b=F_0(1+\sqrt{5}\cdot\delta_i)\qquad(i=3)\end{cases}\tag{6-6}$$

式中　EI_{01}，EI_{02}，F_0——EI_1、EI_2 和 F 的均值；

$\delta_i(i=1,2,3)$——EI_1、EI_2 和 F 的变异系数。

$d_t(\alpha)$ 表示悬臂梁端自由端的竖向位移的阀值，并用以下五种方法来计算悬臂梁端自由端的竖向位移的失效概率。悬臂梁端自由端的竖向位移失效概率分别在表 6-3 和表 6-4 中给出。

表 6-3　对应工况 1 的悬臂梁自由端竖向位移的失效概率

方法	$\delta_1=0.1,\delta_2=0.15,\delta_3=0.2,d_t(\alpha)=0.016$ m
	P_f
随机减基法	0
广义的正交多项式展开法	6.450×10^{-4}
单变量幂多项式近似展开法	5.000×10^{-6}
双变量的幂多项式近似展开法	6.450×10^{-4}
直接蒙特卡洛法	6.450×10^{-4}

表 6-4　对应工况 2 的悬臂梁自由端竖向位移的失效概率

方法	$\delta_1=0.2,\delta_2=0.35,\delta_3=0.4,d_t(\alpha)=0.0178$ m
	P_f
随机减基法	2.850×10^{-4}
广义的正交多项式展开法	5.971×10^{-2}
单变量幂多项式近似展开法	3.628×10^{-2}
双变量的幂多项式近似展开法	5.971×10^{-2}
直接蒙特卡洛法	5.976×10^{-2}

6.1.2　结构工程可靠性设计应考虑的问题

6.1.2.1　问题

对工程结构极限状态进行分析时，极限状态可以用方程 $g(X_1,X_2,X_3,\cdots,X_n)$ 进行描述，该方程式中 $g(\cdot)$ 属于结构功能函数，X 则代表了其中的基本变量。对工程结构进行设计时就必须要满足 $g(X_1,X_2,X_3,\cdots,X_n)\geqslant 0$。在实际使用过程中，如果结构不能完成预定功能，则为失效。也可以使用可靠度指标进行度量，二者之间的关系为 $P_f=\Phi(-\beta)$。该式当中，Φ 属于标准的正态分布函数，而 P_f 为失效概率，β 就是可靠指标。在对 β 进行求解的时候，通常情况下都使用验算点法进行求解，并且基本的变量统计参数都可以使用迭代计算获取。

6.1.2.2　措施

(1) 结构工程中，结构安全性主要表现在结构构件本身的承载能力及结构牢固性与耐久性等方面。对其进行设计的时候，首先要选择经济合理的方案，再进行下一步的结构分析及设计，并且需要使用相应的规定对结构进行检测，保证结构的安全性。要保证结构的安全可靠度，通常情况下首先要强调正常设计、正常施工以及正常使用这三个方面，要根据工程的实际情况，综合施工单位的能力，保证设计的合理性。作为结构设计来说，必须要考虑工程失效所带来的风险以及后果。

(2) 建筑结构的使用寿命不仅与设计水平、施工科学性等因素有关，同时也与维护、使用环境息息相关。对于部分没有安全检测法规的工程来说，可以在建造过程中进行强制性的安全检查，从而保证设计的安全可靠度，提升工程质量。

(3) 在施工过程中，工程结构设计的可靠程度是工程预期目标的一个重要标尺，可以在获取充分信息的基础上对其进行修订，让设计更加符合实际施工的需要。因为设计不一定就会满足具体施工的要求，进行修订能提升设计的准确性与使用效率。只有把握好工程结构当中的可靠度，让可靠度具有相对一致性，才能保证工程结构设计质量。要做好这一点，就必须同时保证结构安全与经济两个方面。在抗力函数当中，通常情况下都会使用局部的多个抗力系数或者单系数多值的方案进行设计，并且在实际使用过程中获得了较好的效果。

6.2 桥梁可靠性分析

6.2.1 正常使用极限状态下的可靠度

极限状态的概念是苏联学者在20世纪50年代初提出来的，这个概念现已为世界工程界所公认。极限状态的定义是：整个结构或结构的一部分超过某一特定状态，就不能满足设计规定的某一功能要求，此特定状态称为该功能的极限状态。极限状态是结构某项功能的界限和标志，以此来判定它的有效或失效，所以也可称为“界限状态”。

苏联最早将极限状态分为三类：① 承载能力极限状态；② 变形极限状态；③ 裂缝极限状态。加拿大曾提出的三种极限状态分别称为破坏极限状态、损伤极限状态和使用或功能极限状态。后来，国际标准化组织(ISO)、欧洲混凝土委员会(CEB)、国际预应力混凝土协会(FIP)等，一般将极限状态分为两类，即承载能力极限状态和正常使用极限状态。

正常使用极限状态对应于结构或结构构件达到正常使用性能的某个限值，当结构或结构构件出现下列状态之一时，即认为超过正常使用极限状态：

① 影响正常使用或外观的变形；

② 影响正常使用或耐久性能的局部损坏(包括裂缝)；

③ 影响正常使用的振动；

④ 影响正常使用的其他特定状态。

与承载能力极限状态相比较，正常使用极限状态对安全的危害较小，故可降低可靠度要求，但仍然要对正常使用极限状态给予足够的重视。因为构件过大的变形虽然一般不会导致破坏，但若梁的挠度过大，会导致桥面行车的不平顺，影响车辆通行速度，且使桥面易于积水和破坏。同时由于梁端的转动而使支承面积改变，车辆行驶时将会引起过大的冲击和振动，产生噪声会引起人们心理上的不安全感和生理上的不舒适。对于钢筋混凝土构件，过大的裂缝，不仅影响结构的耐久性，有时还会导致重大的工程事故。钢结构中的微裂纹常常导致疲劳破坏，这样的灾难性事故是时有发生的。

正常使用极限状态下的可靠度是用来保证桥梁结构或构件在使用期内正常运营的必要条件。随着材料强度的日益增大，大跨度、小截面的结构构件越来越多，因而正常使用极限状态下的可靠度问题也越来越受到人们的重视。设计经验表明，在某些情况下，正常使用极限状态往往对截面的选择和材料用量起到控制作用。近年来，国内外桥梁界都做了不少研究，取得了一些成果。但由于影响正常使用极限状态的因素十分复杂，随机变量更多，特别是与耐久性有关的机理还不十分清楚，所以到目前为止，对于正常使用极限状态的研究远逊于承载能力极限状态的研究。根据桥梁结构或构件所承受的作用性质的不同，正常使用极限状态可细分为如下三类：

（1）在静载或动载作用下的变形极限状态或与局部损坏有关的极限状态，如混凝土构件正截面和斜截面的最大裂缝宽度，短期作用及长期作用下的最大挠度。

（2）在重复荷载作用下的疲劳极限状态，包括钢构件或构造细节、混凝土中钢筋的疲劳等。

（3）由外界环境因素（如风荷载）或车辆荷载产生的使人不舒适的振动。

下面主要对上述第一类正常使用极限状态的内容作简要介绍。

6.2.1.1　基本公式

与承载能力极限状态相仿，正常使用极限状态也可用极限状态方程表达

$$R - S = 0 \tag{6-7}$$

式中　R—— 构件截面的广义抗力，如抗裂弯矩 M_f，裂缝宽度或挠度限值$[W]$等；

S—— 构件截面的广义荷载效应，即荷载产生的弯矩、裂缝宽度、挠度等。

由于正常使用极限状态的β值较小，目前国内外一般取$\beta = 1 \sim 2$，与此相应的失效概率$P_f = 0.1587 \sim 0.0228$，远远大于10^{-3}。当$P_f > 10^{-3}$时，随机变量的分布类型对P_f的影响不敏感，故可以不考虑其实际分布类型而假定R、S服从正态分布或对数正态分布，并用中心点法计算可靠指标β，这样可使计算得到简化。但在进行可靠度校准计算时，若不能预期$\beta \leqslant 2$，则还是宜采用变量的实际分布类型，并且用验算点法进行计算。

广义荷载效应S是随机变量，而由于分析方法的不同，广义抗力R可作为随机变量，也可作为常量，还可作为模糊变量。因此，对于正常使用极限状态可靠度分析，目前有三种分析方法：一是假定广义抗力R为常量，广义荷载效应S为随机变量；二是假定R、S均为随机变量；三是将达到某种正常使用极限状态作为一个模糊事件，采用模糊数学的方法进行分析，现以混凝土构件最大裂缝极限状态为例，将这三种计算公式分列于后：

（1）假定R为常量，S为随机变量

$$\beta = \frac{R - \mu_S}{\sigma_S} = \frac{R/\mu_S - 1}{\delta_S} \tag{6-8}$$

若假定S服从对数正态分布，则

$$\beta = \frac{\ln(R/\mu_S)}{\delta_S} \tag{6-9}$$

式中　R—— 构件正常使用（适用性或耐久性）的最大裂缝宽度，这里假定R为常量，$R = [W] = [W]_K$；

μ_S，σ_S，δ_S——S的均值、协方差和变异系数。

由于假定$R = [W]_K$为常量，用上两式对现行规范的可靠度作校准计算是很方便的。

（2）假定R、S均为随机变量

若R、S均服从正态分布，则

$$\beta = \frac{\mu_R - \mu_S}{\sqrt{\sigma_R^2 + \sigma_S^2}} \tag{6-10}$$

若 R、S 均服从对数正态分布，则

$$\beta = \frac{\ln(\mu_R/\mu_S)}{\sqrt{\delta_R^2 + \delta_S^2}} \tag{6-11}$$

(3) 假定 R 为模糊变量，S 为随机变量

作为广义荷载效应的最大裂缝宽度 $S = W_{max}$ 是一个随机变量，但作为广义抗力的使构件正常使用失效的最大裂缝宽度[W]具有模糊性，可以用模糊数学的方法进行可靠度分析，见图 6-2。

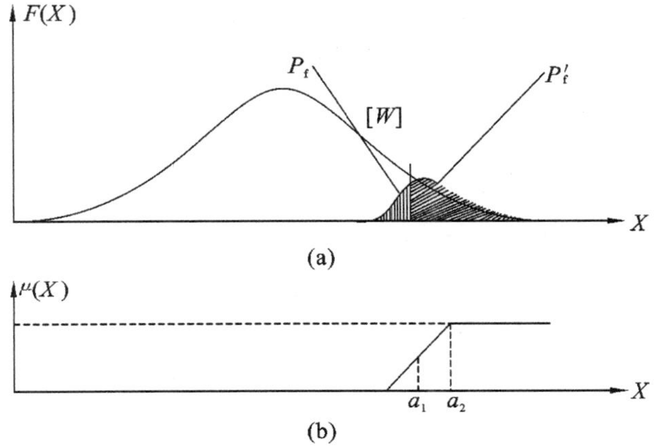

图 6-2　不确定性的模糊表示

(a) 失效概率示意图；(b) 失效程度示意图

事物往往存在两种本质不同而又互相联系的不确定性，一种是随机性，另一种是模糊性。对裂缝宽度这一具体问题而言，"失效宽度"发生的不确定性即随机性可用概率表示，如 $f(x)$。而"失效"本身意义和不确定性即模糊性可用模糊度表示。如同日常人们形容某人为"大个子"、"小个子"一样，其身高尺寸界线并不十分明确，"最大裂缝宽度"用一个定值来描述，也不符合客观实际，而是存在一定的中间过渡。例如，通常规定[W] = 0.20 mm 为失效限值，则当 W = 0.15 ~ 0.20 mm 时也可认为是达到某种程度的失效。因此，可以在某个变化范围[a_1, a_2]内来描述，用它作为分界带(代替某一确定值)，这个范围构成一个模糊集。事件的模糊性可用定义在模糊集{a_1, a_2}上的隶属函数 $\mu(x)$ 表示，其意义是表示在不同 x 值下隶属于"失效"这一事件的倾向程度。隶属函数可通过模糊统计试验或专家评判方法确定。当缺少统计资料时，从实用出发可凭经验假定一个隶属函数。例如，可用"半升梯形"分布的隶属函数，其间每一个值[0,1]表示"失效"程度的大小。

$$\mu(x) = \begin{cases} 0, & 0 \leqslant x \leqslant a_1 \\ (x - a_1)/(a_2 - a_1), & a_1 \leqslant x \leqslant a_2 \\ 1, & x > a_2 \end{cases} \tag{6-12}$$

式中　a_1, a_2——可凭工程经验并参考有关规范中 W 的限值来确定。

于是，构件适用性失效的概率可用下式表示：

$$P_{\mathrm{f}}=\int_{-\infty}^{\infty}\mu(x)f(x)\mathrm{d}x \tag{6-13}$$

式中 $\mu(x)$—— 隶属函数；

$f(x)$—— 最大失效裂缝宽度的概率密度函数。

6.2.1.2 正常使用极限状态分析中的荷载

在正常使用极限状态分析中，采用的荷载概率模型与承载能力极限状态相同。例如，可用随机变量模型来模拟恒载，用泊松随机过程来模拟活荷载。

但进行荷载组合时，则应考虑到正常使用极限状态与承载能力极限状态的不同。由于正常使用极限状态对结构安全的危害较小，故可降低可靠度的要求。因此，在正常使用极限状态分析中，所用的荷载代表值不同。目前国内外一般按下列原则确定：承载能力极限状态的基本组合是采用永久作用与可变作用或偶然作用的组合，所用的荷载代表值是标准值；正常使用极限状态的荷载组合分为短期组合和长期组合，在短期组合中是永久作用和可变作用常遇值的组合，在长期组合中是永久作用与可变作用准永久值的组合。

6.2.1.3 裂缝宽度的可靠度分析

以钢筋混凝土受弯构件为例加以说明。取极限状态方程：

$$[W]-W_{\max}=0 \tag{6-14}$$

式中 $[W]$—— 构件正常使用失效的最大裂缝宽度限值，按定值考虑，如《公路钢筋混凝土及预应力混凝土桥涵设计规范》(JTG D62—2004) 规定，在一般大气条件下，钢筋混凝土受弯构件在 Ⅰ 类和 Ⅱ 类环境作用下$[W]$为 0.20 mm，在 Ⅲ 类和 Ⅳ 类环境为 0.15 mm；

$W_{\max}$—— 正常使用荷载下受弯构件裂缝最大宽度。

《公路钢筋混凝土及预应力混凝土桥涵设计规范》(JTG D62—2004) 给出的 $W_{\max}$ 算式是

$$\begin{cases}W_{\max}=C_1C_2C_3\dfrac{\sigma_{\mathrm{g}}}{E_{\mathrm{R}}}\left(\dfrac{30+d}{0.28+10\mu}\right)\\ \sigma_{\mathrm{g}}=\dfrac{M}{0.87A_{\mathrm{g}}h_0},\mu=\dfrac{A_{\mathrm{g}}}{bh_0+(h_i-b)h_i}\end{cases} \tag{6-15}$$

$W_{\max}$ 的计算公式不同，可靠性分析的结果也有差异，但分析方法则是相同的。

作为广义抗力的裂缝最大宽度限值$[W]$应视为随机变量，并经过调查统计得到概率分布和统计参数，但目前尚缺少这方面的资料。有的文献提出，可将$[W]$视为标准值$[W]_k$，假定其变异系数$\delta_k=0.10$。按正态分布考虑取某一低分位值(如0.1)，则可得$k_{\mathrm{R}}=\dfrac{\mu_{[W]}}{[W]_k}=1.47$，也有的文献认为$[W]$达 0.3 mm 时仍不致影响其耐久性，从而可取 $k_{\mathrm{R}}=1.5$。

除了用理论计算方法分析可靠度外，也可用蒙特卡洛法进行模拟分析，或用实测与计算相结合的方法进行评估。

6.2.1.4 钢筋混凝土构件挠度的可靠度分析

取极限方程

$$[W]-W_{\max}=0 \tag{6-16}$$

式中 [W]—— 正常使用荷载下最大挠度限值；

W_{max}—— 荷载效应，即正常使用荷载下跨中最大挠度。

对受短期均布荷载作用的简支梁等静定结构

$$W_{max} = \frac{5}{384} \cdot \frac{ql^4}{0.85E_h I_0} \tag{6-17}$$

同前，若求得广义抗力 $R = \frac{65.28}{l^4}[W]E_h I_0$ 及广义荷载效应 $S = q$ 的统计参数，可求得可靠指标 β，由于 L 的变异性很小，可作常量处理。$[W]$ 为规范规定的允许值视为常量，q 由荷载的统计参数给出。

【例 6-2】 某桥梁建于2000年，其主梁截面如图6-3所示。已知最大受压区高度为105 mm，使用期最大弯矩为2231.69 kN·m；其上作用荷载按规范中规定的一般运行密度下附加组合考虑，恒载服从正态分布，其概率模型同设计阶段，活载服从平稳二项随机过程，其截口分布（该分布为设计基准期的极大值分布的截口分布）为极值 Ⅰ 型，参数 $\alpha = 1/(0.084S_{QK})$，$\beta = 0.2508S_{QK}$，并服从设计阶段的各项假定；抗力为非平稳随机过程，并服从对数正态分布；主梁受力主筋锈蚀率为5%。试用概率方法计算该桥在2025年的可靠性。

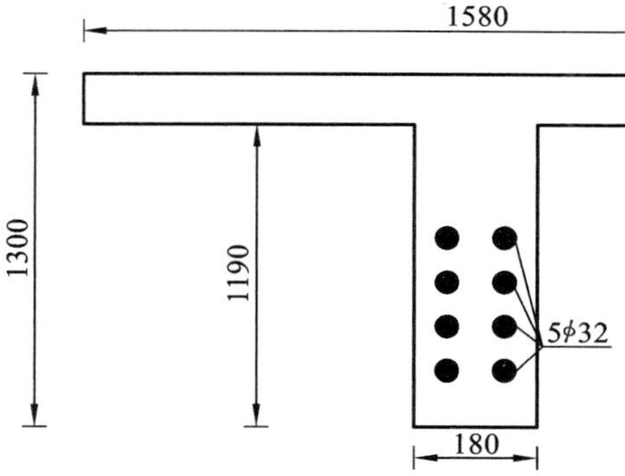

图 6-3 主梁截面配筋

解：(1) 可靠度校准

假定活载标准值 S_{QK} 与恒载标准值 S_{GK} 的比值 $\rho = 1.0$，由于设计过程依据的是现行桥梁规范，因而可用前面介绍的方法进行可靠度校准。

设恒载标准值 $S_{GK} = 2000$，则活载标准值 $S_{QK} = 2000$，抗力标准值 $R_K = 1.1346(1.2S_{GK} + 1.1S_{QK}) = 5219.6$，则有

$$\mu_{S_G} = 2029.6 \quad \sigma_{S_G} = 137.8 \quad V_{S_G} = 0.0431$$

$$\mu_{S_Q} = 1599.0 \quad \sigma_{S_Q} = 87.48 \quad V_{S_Q} = 0.0862$$

$$\mu_{S_R} = 6399.74 \quad \sigma_{S_R} = 904.19 \quad V_{S_R} = 0.1414$$

根据验算点法计算的可靠指标 $\beta = 3.795$，该指标为构件在设计基准期内应具备的可靠指标。

(2) 动态可靠度计算

① 由于恒载概率模型与设计阶段相符合，故其统计参数为

$$\mu_{S_G}=1.0148S_{GK}\qquad \sigma_{S_G}=0.0437S_{GK}\qquad V_{S_G}=0.0431$$

$$\mu_{K_{SG}}=\frac{\mu_{S_G}}{S_{GK}}=1.0148\qquad \sigma_{K_{SG}}=\frac{\sigma_{S_G}}{S_{GK}}=0.0437$$

② 活载统计参数

$\alpha=1/(0.0537S_{QK})$，$\beta=0.5212S_{QK}$（该参数相当于在设计基准期中密集运行状态下活荷载随机过程的截口分布）。

由于求该桥梁使用25年后的可靠度，因此，活载在目标使用期75年中的极大值分布参数计算如下

$$\beta_{75}=\beta+\frac{\ln 75}{\alpha}=0.5212S_{QK}+0.2318S_{QK}=0.7530S_{QK}$$

$$\alpha=1/0.0537S_{QK}$$

由此得

$$\mu_{S_Q}=\frac{0.57722}{\alpha}+\beta=0.031S_{QK}+0.7530S_{QK}=0.784S_{QK}$$

$$\sigma_{S_Q}=\frac{\sqrt{1.64493}}{\alpha}=0.0689S_{QK}$$

$$\mu_{K_{SQ}}=\frac{\mu_{S_Q}}{S_{QK}}=0.748,\quad \sigma_{K_{SQ}}=\frac{\sigma_{S_Q}}{S_{QK}}=0.0689,\quad V_{K_{SQ}}=0.0879$$

③ 抗力

抗力设计值 R_S 是依据使用期最大弯矩计算的，即该值满足下式要求

$$\frac{R_K}{1.1346}=1.2S_{GK}+1.1S_{QK}$$

相对于本题，抗力设计值为梁所能承受的弯矩，即 $R_S=2231.69\ \text{kN}\cdot\text{m}$，抗力标准值 $R_K=2231.69\times1.1346=2532.08\ \text{kN}\cdot\text{m}$。

A. 若不考虑抗力衰减，构件的实际抗力设计值为 $R_S=3090.8\ \text{kN}\cdot\text{m}$，标准值 $R_K=3506.82\ \text{kN}\cdot\text{m}$。此时，恒载效应标准值为 $S_{GK}=1101.23\ \text{kN}\cdot\text{m}$，活载效应标准值 $S_{QK}=1101.23\ \text{kN}\cdot\text{m}$。

$$\mu_{S_G}=1323.88\qquad \sigma_{S_G}=57.06\qquad V_{S_G}=0.0431$$

$$\mu_{S_Q}=863.36\qquad \sigma_{S_Q}=75.87\qquad V_{S_Q}=0.0689$$

$$\mu_R=4300.63\qquad \sigma_R=608.03\qquad V_R=0.1414$$

以此求得的可靠指标为：$\beta=4.5345$，该指标为所设计构件实际具备的可靠指标。

B. 根据前面抗力衰减模型，得到抗力表达式为

$$R_P(t)=K_PK_Sf_y(t)A_S(t)\left[h_0-\frac{f_y(t)A_S(t)}{2R_a(t)b}\right]$$

其中

$$f_y(t)=f_{y0}(0.986-1.1992\eta_s)=f_{y0}(0.986-1.1992\times0.05)=f_{y0}$$

$$\mu f_{y0}=384.8\ \text{N/mm}^2,\quad \sigma f_{y0}=28.58\ \text{N/mm}^2,\quad Vf_{y0}=0.0743$$

$$k_s=1-0.3\times\frac{\omega}{\pi d}=1-0.3\times\frac{1.6}{32\pi}=0.9952$$

$$A_S(t)=7640.35\ \text{mm}^2,\quad b=1580\ \text{mm}$$

其中，K_P 为计算模式不确定参数，为随机变量，$\mu_{K_P}=1.0$，$V_{K_P}=0.04$；R_a 为混凝土轴心抗压强度，R 为 C25 混凝土的立方体抗压强度标准值，考虑 R_a 随时间变化而作为随机变量 $R_a(t)$。

$$R_K=\mu_R(1-V_R),\quad V_R=0.145,\quad \mu_R=29.24,\quad \sigma_R=4.24$$

$$\mu_{R_a}(t)=\eta(t)0.7\mu_R,\quad \eta(t)=1.4529\exp[-0.0246(\ln t-1.7154)^2]$$

$$\sigma_{R_a}(t)=\xi(t)0.7^2\sigma_R,\quad \xi(t)=0.0305t+1.2368=1.9993$$

得 $\mu_{R_a}(t)=\eta(t)0.7\mu_R=28.13$，　$\sigma_{R_a}(t)=\xi(t)0.7^2\sigma_R=4.1537$

$$R(t)=K_PK_Sf_y(t)A_S(t)\left[h_0-\frac{f_y(t)A_S(t)}{2R_a(t)b}\right]$$

$$=K_P0.9952\times0.926\times f_{y0}\times7640.35\left[1190-\frac{0.926\times f_{y0}\times7640.35}{2R_a(t)\times1580}\right]$$

$$R(t)=K_Pf_{y0}\left[8.38-\frac{0.0158f_{y0}}{R_a(t)}\right]$$

$$\mu_{R_a}(t)=\mu K_P\mu f_{y0}\left[8.38-\frac{0.0158\mu f_{y0}}{\mu R_a(t)}\right]=1\times384.8\left[8.38-\frac{0.0158\times384.8}{28.13}\right]$$

$$\sigma_{K_R}=\left\{\left[\mu f_{y0}\left[8.38-\frac{0.0158\mu f_{y0}}{\mu R_a(t)}\right]\right]^2\times\sigma_{K_P}^2+(\mu_{K_P}\times8.38)^2\sigma^2f_{y0}+\right.$$

$$\left.\left(\frac{2\times0.0158\mu K_Pf_{y0}}{\mu R_a(t)}\right)^2\sigma^2f_{y0}+\left(\frac{0.0158\mu K_P\mu^2f_{y0}}{\mu^2R_a(t)}\right)^2\sigma_{K_R}^2\right\}^{\frac{1}{2}}$$

$$=\left\{\left[384.8\times\left[8.38-\frac{0.0158\times384.8}{28.13}\right]\right]^2\times0.04^2+(1\times8.38)^2\times28.59^2+\right.$$

$$\left.\left(\frac{2\times0.0158\times1\times384.8}{28.13}\right)^2\times28.59^2+\left(\frac{0.0158\times1\times384.8}{28.13^2}\right)^2\times4.24^2\right\}^{\frac{1}{2}}$$

$$=(15790+57401+152.73+157.15)^{\frac{1}{2}}=271.11$$

仍假定 $\rho=1$，$S_{GK}=1101.23$，$S_{QK}=1101.23$，$R_K=3506.82$

由此得

$$\mu_{S_G}=1117.2,\quad \sigma_{S_G}=47.45,\quad V_{S_G}=0.0431$$

$$\mu_{S_Q}=863.1,\quad \sigma_{S_Q}=75.85,\quad V_{S_Q}=0.0879$$

$$\mu_R=3141.46,\quad \sigma_R=271.11,\quad V_R=0.0863$$

根据验算点法计算的可靠指标 $\beta=4.461$。

6.2.2　桥梁工程可靠性设计应考虑的问题

通过上节以及前面几章的介绍，读者对结构可靠度的发展概况、结构可靠性分析与设计的基本概念和方法有了一个较全面的了解。关于桥梁工程可靠性设计，有几个问题尚需在此进一步说明。

(1) 到目前为止讨论的实际是静载作用下的可靠度分析与设计，没有涉及动力荷载作用下的结构可靠度问题。实际上，动力荷载作用下，结构会发生随机振动，用随机振动理论研究结构在动力作用下的可靠度问题(包括车辆荷载引起的振动以及抗震可靠度)已成为结构可靠度研究的专门课题,涉及荷载作用性质,材料弹塑性条件的抗力概率模型及统计分析,这方面已取得不少研究成果。

(2) 用一次二阶矩理论计算结构的可靠指标,与极限状态方程和随机变量的物理意义密切相关。如果极限状态方程中的 R 为构件截面抗力,S 为截面的荷载效应(内力、挠度、裂缝等),则相应的可靠指标 β(或失效概率 P_f)指的是截面的 $\beta(P_f)$,而不是整个构件的 $\beta(P_f)$。这两者自然是不能简单等同的。以钢筋混凝土简支梁为例,若其承载能力失效为一随机事件 A,作为整个构件,可能因正截面抗弯强度不足而失效(记作事件 $A1$),也可能因斜截面抗剪强度不足而失效(记作事件 $A2$),或者局部承压强度失效(记作事件 $A3$)而导致不能使用。故材料的失效概率为

$$P(A) = P(A_1 \cup A_2 \cup A_3) \tag{6-18}$$

一般情况下,不能给出 $P(A)$ 等于 $P(A1)$ 或 $P(A2)$ 或 $P(A3)$,因而,严格说来,截面设计的可靠指标 β,一般不能代表整个构件的 β,更不能代表结构、结构体系的可靠度。因此,目前一次二阶矩理论的应用,只限于静定结构材料截面的设计和复核,还不能完全解决构件、结构、结构体系的可靠度问题。实际上一个构件也可看作是一个体系,从结构体系可靠度的观点来看,只有当构件中所有截面的功能函数完全相关时,用上述方法算出来的某个截面的可靠度,才是该构件的可靠度。用"完全相关"的假定,自然是偏于安全的。

(3) 可靠性是安全性、适用性、耐久性三者的总称。用来度量可靠性的数量指标(β或P_f)称为结构可靠度。

因此,这三个方面也不可能等同。例如,设构件(截面)承载能力(如强度)失效为事件 $B1$,适用性(如挠度)失效为事件 $B2$,耐久性(如裂缝)失效为事件 $B3$,只要事件 $B1$、$B2$、$B3$ 中有一个发生,这时构件的失效概率为

$$P(B) = P(B1 \cup B2 \cup B3) \tag{6-19}$$

可见,不论 $B1$、$B2$、$B3$ 是否统计独立,$P(B)$ 与 $P(B1)$ 或 $P(B2)$ 或 $P(B3)$ 总是不相等的,为了区分,可以将它们分别称为安全度、适用度和耐久度。对它们应分别计算。要找出其联合影响,则须找到它们的联合分布,这个问题还有待进一步研究。

(4) 关于荷载效应。就一种荷载而言,假定荷载 Q 与荷载效应 S 存在简单的线性关系,即 $S = CQ$,其中 C 为荷载效应系数。这时可用荷载的统计规律来代替荷载效应的统计规律。如果荷载与荷载效应之间不存在线性关系(如超静定结构,或考虑材料塑性性质时),则不能用荷载的统计特性代表荷载效应的统计特性。这时应采用力学分析方法解决。

当有多种荷载同时作用时,由于在设计基准期内,多种荷载不一定都以其最大值同时出现,因此,在结构可靠度计算中,有一个荷载组合问题。一般有如下三种情况:① 只有一个荷载;② 一个恒载和一个可变荷载;③ 一个恒载加两个或两个以上的可变荷载。

情况 ① 比较简单,不存在荷载组合问题。情况 ② 也较简单,只要将可变荷载设计基准期内的最大值,同恒载任意时点值组合。情况 ③ 则较复杂,需要从多种组合中选择使可靠度最小的那种组合作为计算可靠度的依据,这给结构可靠性设计带来计算的复杂性。

6.3 岩土工程可靠性分析

6.3.1 正常使用极限状态下的可靠度

为了在设计上做到技术先进、经济合理和安全适用，建筑物宜采用以概率论为基础的极限状态设计，简称为概率极限状态设计方法。该种方法以失效概率或可靠指标代替以往的安全系数来评判结构的安全状况。

根据《建筑结构可靠性设计统一标准》(GB 50068—2018)，结构在规定的设计使用年限内应满足下列功能要求：

① 在正常施工和正常使用时，能承受可能出现的各种作用；

② 在正常使用时具有良好的工作性能；

③ 在正常维护下具有足够的耐久性能；

④ 在设计规定的偶然事件发生时及发生后，仍能保持必需的整体稳定性。

在上述四种功能要求中，第 ① 和第 ④ 项是结构安全性的要求，第 ② 项是结构适用性的要求，第 ③ 项是结构耐久性的要求。安全性、适用性和耐久性可概括为可靠性的要求。

整个结构或结构的一部分超过特定状态就不能满足设计规定的某一功能要求，此特定状态即为该功能的极限状态。极限状态可分为承载能力极限状态(Ultimate Limit State，简称 ULS) 和正常使用极限状态(Serviceability Limit State，简称 SLS)。

承载能力极限状态对应于结构或构件达到最大承载能力或不适于继续承载的变形；在某种意义上，可以定义为危险状态，关系到结构整体或局部失效(如强度、承载力、倾覆、滑移等)。岩土工程出现下列情况即可认为超过了承载能力极限状态：① 在岩土中形成破坏机制，如地基发生整体性滑动，边坡失稳，挡土结构倾覆，隧洞顶板垮落或边墙倾覆，流砂、管涌、塌陷、液化等；② 由于岩土体发生过大位移或变形，导致结构物发生结构性严重损坏。例如，由于土的塌陷造成工程结构性破坏；由于岩土的过量位移，导致桩的倾斜、邻近工程结构性破坏等。基础工程的承载能力极限状态如图 6-4 所示。

正常使用极限状态是指结构在工作荷载或预期使用条件下，其功能和使用受到影响，如变形、开裂、总沉降或不均匀沉降过大、振动过大、侵蚀等。岩土工程出现下列情况时，即可认为超过了正常使用极限状态：由于岩土变形而使工程发生超限的倾斜，影响正常使用和外观的变形；由于岩土变形而使工程发生表面裂缝，影响正常使用和耐久性能的局部损坏；因地下水渗漏而影响工程正常使用等。一般来讲，承载能力极限状态出现的概率比较低，正常使用极限状态出现的概率比承载能力极限状态出现的概率高。对于大多数上部结构，承载能力极限状态是设计关键的极限状态。在岩土工程设计中，正常使用极限状态也经常成为关键或控制的极限状态。

在容许应力设计方法中往往没有明确交代设计是基于什么极限状态，而极限状态设计方法清楚地区分承载能力极限状态和正常使用极限状态。极限状态设计方法与容许应力设计方法的根本不同不在于极限状态条件的定义和确定，而是在于对给定极限状态如何计算安全度水平(即失效概率)，同时荷载和抗力的不确定性可通过失效概率直接联系起来。

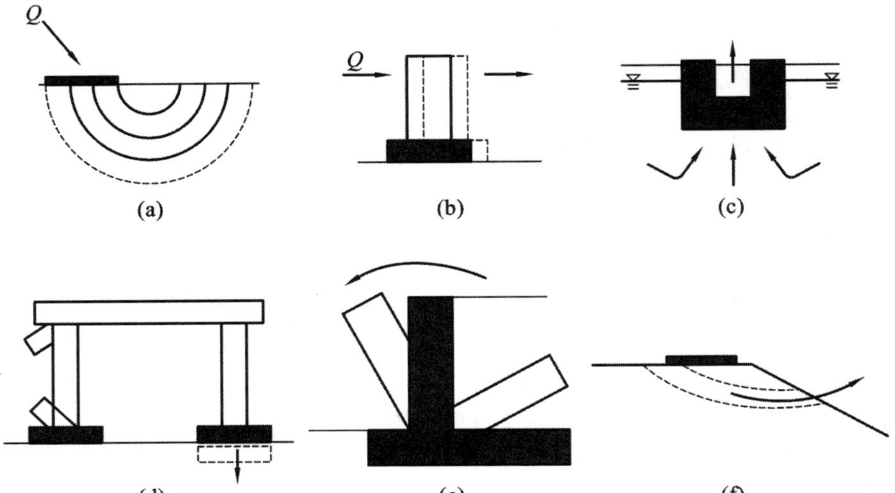

图 6-4　基础工程的承载能力极限状态

(a) 承载能力；(b) 滑动；(c) 浮托或上拔；(d) 基础的大位移导致上部结构破坏；(e) 倾覆；(f) 整体失稳

使用失效概率或可靠指标来评价结构的可靠性比单一的安全系数更为合理，但是由于影响荷载和抗力的因素很多，且缺乏足够的统计资料，当前直接采用完全的概率分析方法计算结构的可靠度还较困难，一般采用较为实用的荷载抗力系数设计方法。

荷载抗力系数设计方法(Load and Resistance Factor Design，简称 LRFD) 将荷载和抗力的不确定性分别用分项系数来考虑。在地基基础设计中，建筑物产生的荷载由地基承受，荷载和抗力的不确定性来源相对独立，因此可采用不同的分项系数来表示。然而，对于某些岩土工程结构物，如挡土结构，由于土体既产生荷载又提供抗力，问题会相对复杂些。下面以地基基础设计为例，介绍荷载抗力系数设计方法。

承载能力极限状态下，荷载抗力系数设计方法的一般表达式如下：

$$\varphi R_n \geqslant \eta \sum \gamma_i Q_i \tag{6-20}$$

式中　R_n—— 抗力标准值；

Q_i—— 不同设计荷载，$i = 1, \cdots, n$；

φ—— 抗力系数；

γ_i——Q_i 的荷载系数；

η—— 综合表示结构延展性、冗余度和重要性的系数。

正常使用极限状态下，荷载抗力系数设计方法的一般表达式为

$$\varphi \delta_n \geqslant \eta \sum \gamma_i \delta_i \tag{6-21}$$

式中　δ_n—— 容许变形量；

δ_i—— 计算变形量。

容许应力设计法作为传统的设计方法，积累了大量的数据和经验。为保证容许应力设计方法和荷载抗力系数设计方法对同一结构有着相同的设计结果，荷载抗力系数可通过容许

应力设计方法来校准得到。

假设 η 为 1，由 $R_n = F_{SD}\sum Q_i$，可得抗力系数

$$\varphi = \frac{\sum \gamma_i Q_i}{F_{SD}\sum Q_i} \tag{6-22}$$

式中　F_{SD}—— 安全系数。

若仅考虑恒载 Q_D 和活载 Q_L，式(6-22) 可表示为

$$\varphi = \frac{\gamma_D Q_D + \gamma_L Q_L}{F_{SD}(Q_D + Q_L)} = \frac{\gamma_D \dfrac{Q_D}{Q_L} + \gamma_L}{F_{SD}\left(\dfrac{Q_D}{Q_L} + 1\right)} \tag{6-23}$$

式中　γ_D，γ_L—— 恒载 Q_D 和活载 Q_L 的荷载系数。

表 6-5 为 $\gamma_D = 1.25$、$\gamma_L = 1.75$ 时，根据许用应力设计(ASD) 的名义安全系数 F_{SD} 确定抗力系数 φ 的计算结果。由表 6-5 可见，安全系数越大，抗力系数越小。安全系数在 1.5～4.0 区间变化时对应的抗力系数在 1.00～0.34 区间内变化。φ 受 $\dfrac{Q_D}{Q_L}$ 的影响不大。由表 6-5 可见，如用 ASD 方法对荷载抗力系数设计方法进行校准，得到的抗力系数变化范围较大，其实际效果与 ASD 方法差别不大。

表 6-5　抗力系数与安全系数

安全系数 F_{SD}	抗力系数 φ			
	$Q_D/Q_L = 1$	$Q_D/Q_L = 2$	$Q_D/Q_L = 3$	$Q_D/Q_L = 4$
1.5	1.00	0.94	0.92	0.90
2.0	0.75	0.71	0.69	0.68
2.5	0.60	0.57	0.55	0.54
3.0	0.50	0.47	0.46	0.45
3.5	0.43	0.40	0.39	0.39
4.0	0.38	0.35	0.34	0.34

下面给出基于 FOSM 方法的荷载抗力系数校准过程。

将抗力标准值 R_n 用抗力均值 μ_R 表示如下：

$$R_n = \mu_R/\lambda_R \tag{6-24}$$

其中，λ_R 为抗力偏离系数。设 η 为 1，则

$$\varphi \geqslant \frac{\lambda_R}{\mu_R}\sum \gamma_i Q_i \tag{6-25}$$

设荷载和抗力均满足对数正态分布，功能函数可表示为

$$Z = g(R,Q) = \ln R - \ln Q \tag{6-26}$$

则可靠指标为

$$\beta = \frac{\mu_{\ln R} - \mu_{\ln Q}}{\sqrt{\sigma_{\ln R}^2 + \sigma_{\ln Q}^2}} \tag{6-27}$$

对于对数正态随机变量 X，其对数 $\ln X$ 的统计参数与其本身的统计参数之间的关系为

$$\mu_{\ln X} = \ln\mu_X - \frac{1}{2}\ln(1+\delta_X^2) \tag{6-28}$$

$$\sigma_{\ln X} = \sqrt{\ln(1+\delta_X^2)} \tag{6-29}$$

由上述表达式可得

$$\mu_R = \mu_Q \exp\{\beta\sqrt{\ln[(1+\delta_R^2)(1+\delta_Q^2)]}\}\sqrt{\frac{1+\delta_R^2}{1+\delta_Q^2}} \tag{6-30}$$

式中 δ_R——抗力的变异系数；

δ_Q——荷载的变异系数。

利用上述式子，可得(Baker 等，1991)

$$\varphi = \frac{\lambda_R \sum \gamma_i Q_i \sqrt{\frac{1+\delta_Q^2}{1+\delta_R^2}}}{\mu_Q \exp\{\beta_T\sqrt{\ln[(1+\delta_R^2)(1+\delta_Q^2)]}\}} \tag{6-31}$$

式中 β_T——目标可靠指标。

若只考虑恒载 Q_D 和活载 Q_L，则

$$\varphi = \frac{\lambda_R\left(\gamma_D \frac{\mu_D}{\mu_L} + \gamma_L\right)\sqrt{\frac{1+\delta_D^2+\delta_L^2}{1+\delta_R^2}}}{\left(\lambda_D \frac{\mu_D}{\mu_L} + \gamma_L\right)\exp\{\beta_T\sqrt{\ln[(1+\delta_R^2)(1+\delta_D^2+\delta_L^2)]}\}} \tag{6-32}$$

式中 λ_D——恒载 Q_D 的偏离系数；

δ_D，δ_L——恒载 Q_D 和活载 Q_L 的变异系数。

利用上述表达式设定目标可靠指标 β_T 即可求得 φ。

表 6-6 为砂土中打入桩在承载极限状态下利用 ASD 设计法和基于 FOSM 法分别校准得到的抗力系数 φ 值(Barker 等，1991)。取目标可靠指标 β_T 为 2.0。考虑 φ 受 Q_D/Q_L 的影响不大，取 μ_D/μ_L 的常用值 3.7。最终给出的抗力系数 φ 建议值是综合考虑计算结果、以往的经验以及规范来确定的。

表 6-6　砂土中打入桩承载力的抗力系数 φ 的计算(Barker 等，1991)

试验类型	桩长(m)	F_{SD}	β_T	抗力系数 φ		
				ASD 校准	FOSM 校准	建议值
SPT	10	4.0	2.0	0.33	0.48	0.45
SPT	30	4.0	2.0	0.33	0.51	0.45
CPT	10	2.5	2.0	0.53	0.59	0.55
CPT	30	2.5	2.0	0.53	0.62	0.55

注：$\mu_D/\mu_L = 3.7$；$\gamma_D = 1.3$；$\gamma_L = 2.17$。

【例 6-3】 某岩土结构的极限状态方程为 $Z = R - S = 0$。已知 R 和 S 的均值和变异系

数分别为 $\mu_R = 120, V_R = 0.15, \mu_S = 60, V_S = 0.18$ 求下列两种情况的可靠指标 β 及设计验算点 R^* 和 S^*。

(1) R 服从对数正态分布，S 服从正态分布；

(2) R 服从对数正态分布，S 服从极值 Ⅰ 型分布。

解：功能函数的梯度为 $\nabla g(R,S) = (1, -1)^T$

利用设计验算点法进行求解可得：

(1) $\beta = 3.2061, R^* = 82.7940, S^* = 82.7940$。

(2) $\beta = 2.8051, R^* = 95.2459, S^* = 95.2459$。

【例 6-4】 地基沉降的可靠指标和失效概率计算：

如图 6-5 所示，已知方形基础宽度 $B = 4$ m，基础底面以下第一层土为平均厚度 2 m 的表土层，土层厚度的标准差为 20 cm；第二层为软土层，平均厚度为 18 m，软土层底面距基础底面之间距离的标准差为 100 cm；第三层为密实砂层。第一层土的压缩模量平均值 $\overline{E}_{S1} = 7$ MPa，标准差 $\sigma_{E_{S1}} = 1$ MPa；第二层土的压缩模量平均值 $\overline{E}_{S2} = 4$ MPa，标准差 $\sigma_{E_{S2}} = 0.5$ MPa；沉降的允许值为 $\overline{\Delta} = 12$ cm，标准差 $\sigma_\Delta = 1$ cm。若基底压力和经验修正系数都作为确定性变量，$p_0 = 100$ kPa，$\psi_0 = 1.0$，平均附加压力系数 $C_1 = 0.900, C_2 = 0.206$。假设随机变量都服从正态分布，试用迭代法计算地基沉降的可靠指标和失效概率。

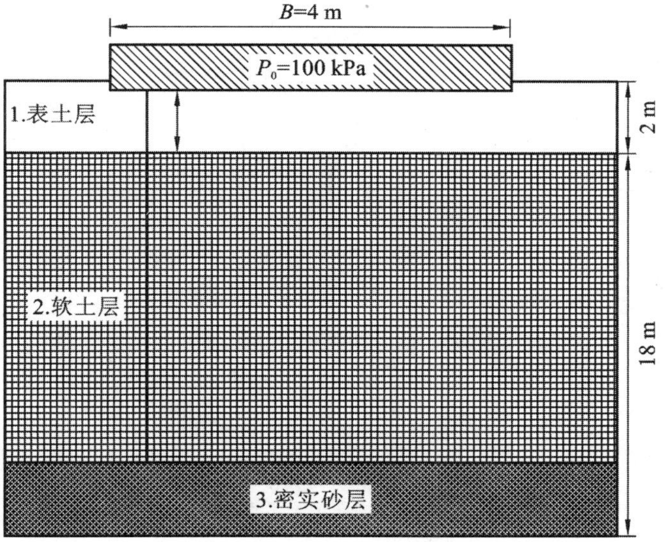

图 6-5　地基土层示意

解：

① 假定验算点坐标

$\Delta^* = \overline{\Delta} = 12$ cm，

$E^*_{S_1} = \overline{E}_{S_1} = 7$ MPa，$\sigma_1 = 20$ cm，$\overline{E}_{S1} = 7$ MPa，$\sigma_{E_{S1}} = 1$ MPa

$E^*_{S_2} = \overline{E}_{S_2} = 4$ MPa，$\overline{E}_{S2} = 4$ MPa，$\sigma_{E_{S2}} = 0.5$ MPa

$Z_1^* = \overline{Z}_1 = 200$ cm，$Z_2^* = \overline{Z}_2 = 2000$ cm。

② 计算基于验算点的沉降量

$$
\begin{aligned}
S^* &= S_1^* + S_2^* \\
&= \frac{100}{7\times 10^3}(200\times 0.900) + \frac{100}{4\times 10^3}\times(2000\times 0.206 - 200\times 0.900) \\
&= 2.57 + 5.80 \\
&= 8.37\ \text{cm}
\end{aligned}
$$

③ 计算方向余弦

$$
M = \left\{\sigma_\Delta^2 + S^2\left[\left(\frac{\sigma_{p_0}^2}{P_0}\right)^2 + \left(\frac{\sigma_{\psi_0}^2}{\psi_0}\right)\right] + \sum_{i=1}^{n}\left(\frac{S_i\sigma_{E_{S_i}}}{E_{S_i}}\right)^2 + \sum_{i=1}^{n}\left(\frac{S_iC_i\sigma_{z_{i-1}}}{z_iC_i - z_{i-1}C_{i-1}}\right)^2\right\}^{\frac{1}{2}}
$$

$$
= \left\{\begin{aligned}&1^2 + 8.37^2\times(0+0) + \left(\frac{2.57\times 1}{7}\right)^2 + \left(\frac{5.8\times 0.5}{0.4}\right)^2 + \left(\frac{2.57\times 20\times 0.9}{200\times 0.9}\right)^2 + \\ &\left(\frac{5.8\times 0.206\times 100}{2000\times 0.206 - 200\times 0.900}\right)^2 + \left(\frac{5.8\times 0.206\times 20}{2000\times 0.206 - 200\times 0.900}\right)^2\end{aligned}\right\}^{\frac{1}{2}}
$$

$$
= (1 + 0.134 + 0.526 + 0.066 + 0.265 + 0.203)^{\frac{1}{2}} = 1.48
$$

$$
\cos\theta_\Delta = -\frac{\sigma_\Delta}{M} = \frac{-1}{1.48} = -0.676
$$

$$
\cos\theta_{E_{S_1}} = \frac{-2.57\times\dfrac{1}{7}}{1.48} = -0.248
$$

$$
\cos\theta_{E_{S_2}} = \frac{-5.8\times\dfrac{0.5}{4}}{1.48} = -0.490
$$

当 $i = 1$ 时，有

$$
\cos\theta_{z_i} = \frac{0.257}{1.48} = 0.174
$$

当 $i = 2$ 时，有

$$
\cos\theta_{z_i} = \frac{0.515}{1.48} = 0.348
$$

$$
\cos\theta_{z_{i-1}} = \frac{-0.45}{1.48} = -3.04
$$

④ 计算验算点坐标

$$
\Delta^* = 12 - 9.676\beta, E_{S_1}^* = 7000 - 248\beta, E_{S_2}^* = 4000 - 245\beta
$$

$i = 1$ 时，$Z_1^* = 200 + 3.48\beta$

$i = 2$ 时，$Z_2^* = 2000 + 34.8\beta, Z_1^* = 200 - 6.08\beta$

代入极限状态方程

$$
12 - 0.676\beta - \left\{\frac{100}{7000 - 248\beta}[0.9\times(200 + 3.48\beta)] + \frac{100}{4000 - 245\beta}[0.206(2000 + 34.8\beta) - 0.900(200 - 6.06\beta)]\right\} = 0
$$

并用试算法求得 $\beta = 2.26$。

将求得的 β 值代入验算点坐标方程，求得新的坐标值。

$$S^* = S_1^* + S_2^* = 2.90 + 7.56 = 10.46\ \text{cm}$$
$$M = 1.77, \cos\theta_{\Delta} = -0.565$$
$$\cos\theta_{E_{S_1}} = -0.254, \cos\theta_{E_{S_2}} = -0.626$$
$$\cos\theta_{z_i} = 0.158, i = 1$$
$$\cos\theta_{z_i} = 0.337, i = 2$$
$$\cos\theta_{z_{i-1}} = -0.295, i = 2$$

将方向余弦代入验算点坐标，然后代入极限状态方程，采用试算法求得 $\beta = 2.23$，得验算点坐标值为

$$\Delta^* = 12.74\ \text{cm}, E_{S_1}^* = 6433.5\ \text{kPa}, E_{S_2}^* = 3302\ \text{kPa}$$
$$i = 1, Z_1^* = 207.5\ \text{cm}$$
$$i = 2, Z_2^* = 2075.15\ \text{cm}, Z_1^* = 186.84\ \text{cm}$$
$$S^* = S_1^* + S_2^* = 2.90 + 7.85 = 12.75\ \text{cm}$$
$$M = 1.84$$

求得方向余弦后代入极限状态方程，采用试算法求得 $\beta = 2.20$，再重复计算验算点坐标后按第 2 步到第 6 步，求出 $\beta = 2.20$，两次求得的值相等，故计算终止。最终求得的验算点坐标为

$$\Delta^* = 12.8\ \text{cm}, E_{S_1}^* = 6467.6\ \text{kPa}, E_{S_2}^* = 3285\ \text{kPa}$$
$$i = 1, Z_1^* = 206.6\ \text{cm}$$
$$i = 2, Z_2^* = 2074.8\ \text{cm}, Z_1^* = 189.6\ \text{cm}$$

求得失效概率

$$P_f = 1 - \Phi(2.20) = 1 - 0.98610 = 1.4\%$$

【例 6-5】 本算例将分析一随机非均质楔形体在重力和水压作用下的可靠性。楔形体的高度、底部宽度和厚度分别为 10 m、7 m 和 1 m，将该楔形体的有限元网格划分为 100 个单元，如图 6-6 所示。泊松比为 0.167，重力密度为 24 kN/m^3，水的重力密度为 10 kN/m^3。假设该楔形体的弹性模量是随机的，楔形体上部和下部的弹性模量均是独立的连续随机场，均值分别是 1.2×10^7 kN/m^2 和 2×10^7 kN/m^2。

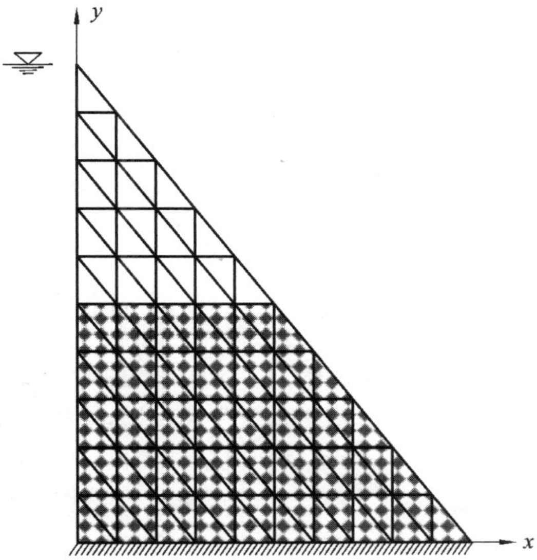

图 6-6　随机非均质楔形体

假定楔形体上、下两个部分的弹性模量的协方差为以下相同的形式：

$$C[(x_1, y_1), (x_2, y_2)] = \sigma^2 e^{-|y_1 - y_2|/l} \tag{6-33}$$

式中　σ^2——楔形体上、下两部分弹性模量的方差，协方差随楔形体高度变化，且 $l = 3$ m。

在本算例中，利用 K-L 展开技术，将非均质楔形体上、下两部分的弹性模量可以表达如下：

$$E_i(y) = E_{i0}(y) + \sum_{j=1}^{n} \sqrt{3}\alpha_j \sqrt{\lambda_j}\varphi_j(y) \qquad (i = 1,2) \tag{6-34}$$

式中 $E_1(y)$，$E_2(y)$—— 楔形体上、下两部分的弹性模量；

$E_{10}(y)$，$E_{20}(y)$——$E_1(y)$ 和 $E_2(y)$ 的均值；

α_j—— 概率密度函数，可以表示为 $f(\alpha_j) = 1/2$，$\alpha_j \in (-1,1)$ 的均匀分布的随机变量；

λ_j，$\varphi_j(y)$—— 第 i 阶 K-L 分解的特征值和特征函数。

运用单变量幂多项式近似展开法、双变量的幂多项式近似展开法和直接蒙特卡洛法三种方法计算非均质楔形体顶部的水平位移的失效概率，计算结果如表 6-7、表 6-8 所示。

表 6-7　工况 1 下非均质楔形体顶部的水平位移失效概率

方法	$\delta_1 = 0.2$，$\delta_2 = 0.1$，$d_t(\alpha) = 1.850 \times 10^{-4}$ m
	P_f
单变量幂多项式近似展开法	5.300×10^{-3}
双变量的幂多项式近似展开法	8.740×10^{-3}
直接蒙特卡洛法	8.845×10^{-3}

表 6-8　工况 2 下非均质楔形体顶部的水平位移失效概率

方法	$\delta_1 = 0.4$，$\delta_2 = 0.2$，$d_t(\alpha) = 2.640 \times 10^{-4}$ m
	P_f
单变量幂多项式近似展开法	9.903×10^{-3}
双变量的幂多项式近似展开法	4.410×10^{-2}
直接蒙特卡洛法	4.171×10^{-2}

下面用具体的计算时间来展示本章提出方法的计算效率。单变量幂多项式近似展开法、双变量的幂多项式近似展开法和直接蒙特卡洛法三种方法的计算时间(CPU)，如图 6-7 所示。

6.3.2　岩土工程可靠性设计应考虑的问题

我国对岩土工程可靠度的研究始于 20 世纪 50 年代末，虽起步较晚，但取得了不少成果。而在某些领域的研究发展较慢，如在岩石方面、土动力学方面开展研究较少。近年来，我国的岩土工程可靠性研究发展较快，在许多领域取得了丰硕的研究成果。肖焕雄建立了反滤层渗透破坏极限状态方程，提出了反滤层渗透破坏的可靠性判别方法，并指出随机参数对可靠度的敏感性；赖国伟等建立了一种新型优化算法 —— 遗传算法计算了结构可靠度；周伟、常晓林用分项系数法对重力坝深层抗滑稳定性做了分析；常晓林等以分项系数法展开了闸门可靠度理论的基础研究，建立了基于可靠度的钢闸门可靠度研究方法，推动了岩土工程可

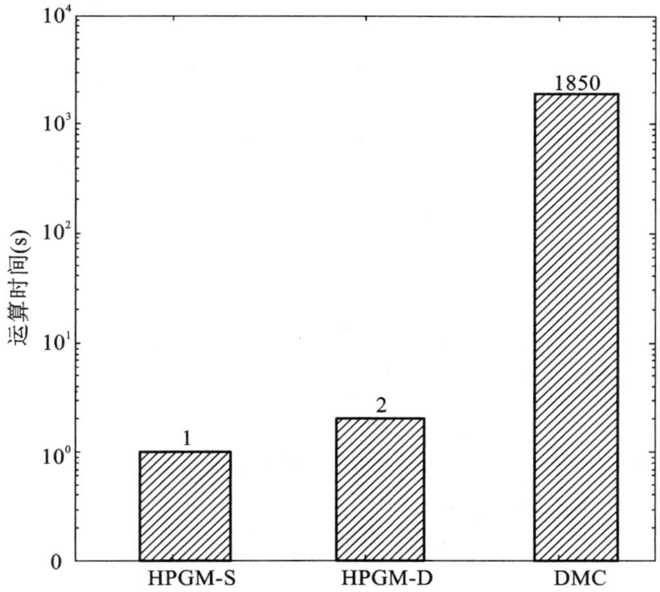

图 6-7 三种方法运算时间的比较

靠性研究的实用化进程。

目前存在的问题是：

岩土的物理和力学参数时空变异性较大。岩土材料不同于结构所用的人工材料，它是自然的产物，无法人为控制其组成成分和工程性质，它的性质不仅与位置有关，还受地质成因与年代的影响。对结构材料而言，其统计参数是对全国范围内同一种材料抽样取得的。岩土材料具有很强的地域性特点，因此工程设计所依据的参数通常是由勘察提供的，只有初步设计或不重要的工程才可采用规范推荐的一些经验值。全国性规范所提供的一些设计参数，只能给出其平均趋势，而不能给出每个工程场地这些参数的变异性趋势，从全国范围资料统计变异系数的方法与工程设计的实际情况不符合。因此岩土工程采用可靠性设计方法时，所用的参数并不是规范的参数而应当是每一个工程的勘察结果。参数的统计分析是可靠性理论的基础，只有取得了较为可靠的统计资料，可靠性分析才具有工程实际意义。因此，在进行岩土工程可靠性分析时，应从实际出发，取得能够合理准确地反映场地特性的参数统计值。

岩土参数具有很强的空间自相关性。土性参数一般是由试样的测值来反映的，就试样的大小和取样位置而言，近似于散布在土层中的点，因此可以说试样测值反映的是土的“点”性质。但岩土材料的工程特性指标与位置有关，具有场的效应。也就是说，土性参数不仅仅是一个随机变量，而且是一个随空间位置变化的随机变量，所以把土性参数随机变量的整体视作一个随机场更符合实际情况。尤其是在许多情况下，土工的行为或效能往往取决于土工涉及范围内的平均特性。因此，岩土工程可靠性分析中研究土的空间平均性质是十分重要的。

土木工程往往是结构工程与岩土工程的组合，结构与岩土相互作用，前者已经应用可靠度设计，后者仍沿用传统的定值方法，处理好两者关系成了一个难题。国际上采用可靠度设计的岩土工程规范，据了解，实施情况并不很理想。我国由于岩土工程固有的特点和经验的不足，普遍推行概率极限设计还存在困难。岩土工程是一门综合学科，也是一项系统工程，它包括岩土工程勘察、设计、施工、监测和运营等各个环节，以及将系统可靠度理论、全概率理论和广义可靠度理论引入和应用到岩土工程。

本章参考文献

[1] 赵国藩. 工程结构可靠性理论及应用[M]. 大连：大连理工大学出版社，1996：1-3.

[2] 赵国藩，金伟良，贡金鑫. 结构可靠度理论[M]. 北京：中国建筑工业出版社，2000.

[3] 中华人民共和国住房和城乡建设部. 建筑结构可靠性设计统一标准：GB 50068—2018[S]. 北京：中国建筑工业出版社，2019.

[4] 李烨君. 基于混合摄动 - 伽辽金法的结构可靠性分析[D]. 武汉：武汉理工大学，2017.

[5] 中国土木工程学会桥梁与结构工程学会结构可靠度委员会. 工程结构可靠性全国第一届学术交流会议[C]. 1987.

[6] 赵国藩，曹居易，张宽权. 工程可靠度[M]. 北京：水利电力出版社，1984：1-2.

[7] 王光远，欧进萍. 地震地面运动的模糊随机模型[J]. 地震学报，1988(3)：86-94.

[8] 李桂青，曹宏. 高耸结构在风荷载作用下的动力可靠性分析[J]. 土木工程学报，1987(1)：59-66.

[9] 李杰. 中小型电力变压器故障模式与可靠性运行[J]. 变压器，1997(4)：9-12.

[10] 王光远. 抗震结构的最优设防烈度与可靠度[M]. 北京：科学出版社，1999.

[11] MEYERHOF G G. Development of geotechnical limit state design [J]. Canadian Geotechnical Journal，1995，32(1)：128-136.

[12] BAECHER G B，CHRISTIAN J T. Reliability and statistics in geotechnical engineering [M]. New York：John Wiley & Sons，2003.

[13] 宋玉香，景诗庭，朱永全. 隧道结构系统可靠度研究[J]. 岩土力学，2003，29(3)：780-784.

[14] 左育龙，朱合华，李晓军. 岩土工程可靠度分析的神经网络四阶矩法[J]. 岩土力学，2013，34(2)：513-518.

[15] 杨利福，常晓林，周伟，等. 基于离散元的重力坝多滑面深层抗滑稳定分析[J]. 岩土力学，2015，36(5)：1463-1470.

[16] 滕智明，朱金铨. 混凝土结构及砌体结构[M]. 北京：中国建筑工业出版社，2003.

[17] 吴世伟. 结构可靠度分析 [M]. 北京：人民交通出版社，1990.

[18] FREUDENTHAL A M. The safety of structures[J]. Trans. ASCE，1947，112：125-180.

[19] 武清玺. 结构可靠性分析及随机有限元法[M]. 北京：机械工业出版社，2005.

7 结构动力可靠性分析

7.1 抗震结构的动力可靠性

7.1.1 概述

我国地处世界上两个极活跃的地震带，是多震国家之一。地震会给人类带来巨大灾难，造成大量的人员伤亡和财产损失，在这方面我国受害最大。仅 1976 年唐山地震死亡人数就达 24.2 万，重伤人数达 16.4 万，直接经济损失达几十亿元。灾情之重，在世界地震史上亦属罕见。地震灾害主要是由房屋受震倒塌和次生灾害造成的。据近期我国 11 次 7 级以上强震的不完全统计，仅房屋就倒塌一亿多平方米。因此，研究抗震结构的动力可靠性具有十分重大的意义。

一般来说，抗震结构的动力可靠性分析包括三个基本步骤：

(1) 确定结构的强度、刚度等概率分布或模糊概率分布。

(2) 建筑场地在预定的使用期限内可能遭遇的地震动参数(如烈度、峰值加速度；地震时，地面运动谱和反应谱等) 及其发生的概率或模糊概率分布，也就是说，对建筑场地进行地震危险性分析。

(3) 计算在具有确定发生概率(或概率密度，或模糊概率等) 的地震作用下结构的条件破坏概率。

以上三项概率分布的卷积，就是结构在使用期限内的破坏概率。

地震危险性分析方法首先是科内尔(Cornell) 在 1963 年提出的。他采用的基本假设是：地震释放的全部能量都从一个点，即地震的震源，向外扩散，称之为"点源模型"。1969 年，迈尔斯和达文波特(A G Davenport) 对此模型作了进一步的研究，并应用于加拿大地震危险性分析中。点源模型虽然未能全面、正确地反映各类地震发生的机制，特别是低估了大地震的危险性，但它极大地推动了地震危险性的研究和应用。K Mccurire 于 1976 年编制了此模型的实用计算程序；同年，S T Algermissen 和 D M Pexkins 完成了全美基岩最大加速度概率区划图，它以 50 年内超越概率为 10% 的基岩最大加速度等值线来表示。之后，相继出现了许多类似的概率危险性区划图。

1974 年洪华生(H S Ang) 根据大地震能量释放与断层破裂长度有关的概念，提出了"线源模型"。1975 年 Der Kiureghian 和洪华生进一步完善此模型，将震源分为三种类型：第一类震源是充分确定的断层线；第二类震源是断层走向已知的面源；第三类震源是断层为未知的面源。1977 年道格拉斯(Douglas) 与 Ryall 也讨论过类似模型的两种特殊用途。断层破裂模型与现有地震机制比较吻合，大大地改善了点源模型。

1978 年，A S Kiremidijian 和 H C Shah 将历史地震资料和主观判断结合起来，发展了地震危险性分析的贝叶斯模型。1979 年，C. P. Mortgat 和 H. C. Shah 改进了断层破裂模型，考虑了当地震发生在断层两端时破裂线和断层端部的关系，即边界影响，提出了三种边界条件。文献[11] 还讨论了深源地震的情况，引入了震源的概念；提出了绘制贝叶斯地震危险性图的模型，相应的分析程序已经用于危地马拉、哥斯达黎加、阿尔及利亚等地震危险性分析图的绘制。1981 年，Kagam 和 Knopoff 基于断层破裂模型提出了随机发震模型，将断层破裂视为一个无穷小剪切变位系统。此外，鲍霭斌等还提出了面源模型，其应用见于文献[15]～[17]，他们在将地震危险性分析图用于抗震设计方面做了大量工作。

1982 年，章在墉采用 Kiureghian- 洪华生的断层破裂模型对二滩水库坝址进行了地震危险性分析。1985 年，鲍霭斌等对我国华北、西北和西南地区 45 个城镇进行了地震危险性分析，对我国烈度区划图进行了初步概率分析，得出了区划图所给出的部分地区的基本烈度大致相当于 50 年内超越概率为 0.14 的水平。文献[20] 对湖北地区进行了地震危险性分析，用极值分布变换法统计了湖北地区的裂度分布。

在以上所提到的文献中，大多认为地震危险性只与地面运动某单一参数有关，称为单变量危险性分析法。1984 年，胡聿贤等提出以地震动强度和地震持时为变量的双参数危险性分析模型，发展了地震危险性分析方法。王光远、刘锡荟等将模糊数学引入地震危险性分析，取得了重大进展。王光远教授指出，在预测场地烈度时，既存在模糊性又有随机性。并提出了两种表达方式：当该地点有条件进行比较周密的地震危险性分析时，可将烈度的随机性和模糊性分别表达；当没有上述条件时，可用连续烈度论域上的一个带有预测参数的隶属函数，同时描述预测烈度的模糊性和随机性，并给出了上述方法的一些具体应用。

抗震结构动力可靠性分析的基础是随机振动理论。20 世纪 60 年代初，王光远、胡聿贤等将地震地面运动模拟为平稳或平稳化随机过程，研究了结构随机反应的分析方法及振型遇合等问题。他们发表的一些论文，在当时来说，是国际水平的代表作，对抗震结构的可靠性分析进行了基础性的研究。1962 年，Rosenbluth 等提出了抗震结构的安全概率问题，并将其归结为首次超越破坏机制的范畴。但是，对抗震结构可靠性的系统研究，还是始于 1968 年科内尔提出的一套地震危险性分析模型。之后，在众多的研究成果中，首推洪华生和文义归等所进行的卓有成效的工作。

Lai 和范马克对多自由度剪切梁体系的弹塑性随机振动解法，提出了一个半经验的修正方法，给出了抗震结构总安全度的分析公式，并考虑了地面运动功率谱、结构动力性质和动力分析方法的变异性对结构反应的影响。他们还用这种方法对若干多层钢结构的抗震总安全度进行了评定。Shah 等采用地震动功率谱密度函数生成人工波，通过模拟计算多自由度非弹性结构的地震反应的统计量。他们还提出了用可靠性理论指导结构加固的方法，其要点是：先计算结构构件或基本单元的抗震可靠性，然后评估整体结构的总可靠性，并根据总可靠性的要求及结构构件、单元的可靠性的计算结果制订加固方案。Kiureghian 基于地震危险性分析的断层破裂模型，提出了一种考虑多破坏机制的总可靠性计算方法，可不受结构类型和破坏准则的限制，且能考虑地震多变输入，但计算很不方便。Soloms 和 Spanos 对具有零初始状态的结构在非平稳地震作用下的可靠性问题，提出了两种近似方法。Brown 和姚治平(Yao) 首先将模糊数学引入结构可靠性分析中。

我国在抗震结构可靠性研究方面取得的成果还有：刘锡荟于 1982 年评价了旧抗震规范

(TJ 11—1978,下同)抗震设计方法的安全度。他建议用与弹性设计的“破坏”概率相比较的可靠性分析;用拟合标准反应谱的人工地震波按 Monte-Carlo 法进行计算,求出了各自的破坏概率,并建议取二者“破坏”概率相近时的 C 值,作为影响系数值。这种方法为将可靠性分析应用于经验判断方面提供了一个途径。

尹之潜等于 1982 年用结构延伸率作为控制指标,提出了一个根据抗震结构可靠性水平进行计算的方法。按此法设计,可求出结构遇到不同烈度地震的可靠性。他们还讨论了延伸率的分布与合理抗震结构的关系。并根据旧抗震规范对现有结构的可靠性进行了评估。

高小旺等将地震作用和结构抗力视为随机变量,讨论了多层砖房的抗震可靠性问题。他们根据地震危险性分析的结果推得了结构基底剪力的概率分布,并研究了砖墙抗剪强度的概率分布及其统计参数。选择抗剪承载能力作为结构抗力,运用一次二阶矩法分析了现行抗震规范中多层砖房可靠性水平以及实际结构的抗震安全度,初步评估了 8 度地震区带构造柱多层砖房的倒塌破坏概率。邬瑞锋等也用一次二阶矩法计算了带构造柱多层砖房的抗震可靠性。韦承基等以容许层间变形角为极限状态、按 Monte-Carlo 法和直接动力法计算结构反应。用一次二阶矩法分析了钢筋混凝土结构的可靠性,并建议总可靠指标 β_γ 取 2.30。

江近仁等采用非平稳地震地面运动平稳化、非线性结构线性化方法求解结构的反应统计量,基于文义归的一阶非线性微分方程模型提出了一个砖结构恢复力模型,并据此模型计算不同变形水平时的非线性反应谱,用最小误差谱来确定最佳的等效线性参数。在动力分析中,不仅考虑了荷载的随机性,而且考虑了参数的不确定性和分析方法的误差对结构反应的影响。采用最大位移和累积耗能双参数破坏准则,对砖结构的可靠性进行了具体分析。

王光远等提出了基于模糊破坏准则的抗震结构的动力可靠性分析方法,指出结构震害等级具有强烈的模糊性,建议采用模糊界限作为超越界限,并在此基础上利用极限理论和点过程法导出了结构反应不超过模糊界限的概率。按该文方法还可容易地求出结构的“小震不坏”、“大震不倒”的模糊准则的动力可靠性。

7.1.2　抗震结构可靠性分析的四类基本公式

在进行抗震结构的可靠性分析、重要结构的抗震设计、评价面临地震危险的建筑场地和制订地震危险区划图时,必须考虑地震发生的概率性质和评价地震强弱程度的模糊性质。

如前所述,地震发生可视为一个随机量。在一定的年限内,地震发生的次数、时间、空间及强烈程度都是随机的。

由于地震发生的随机性,可采用地震危险性分析对场址所在地区在一段时间内遭受地震作用的可能性进行估计。它可以用地震震级、烈度、震中距或其他地震动参数表示。其基本步骤包括:① 地震震源模型及其划分;② 震源地震活动性分析;③ 强度衰减规律;④ 危险性评定;⑤ 不确定性分析。

在使用期限内结构发生破坏的概率可写成

$$P_S = \int_0^\infty P_f(R < S \mid a) f(a) \mathrm{d}a \tag{7-1}$$

式中　S—— 反应;

R—— 抗力;

$f(a)$—— 结构物所在地区结构使用期内最大地震动强度参数的概率密度函数。

由于我国结构的抗震分析是基于地震烈度制定的，在地震危险性分析中大多是以地震烈度作为地震强度指标。故为充分利用现有的地震危险性分析的成果，本书采用地震烈度作为地震强度指标，并提出抗震结构的可靠性分析的四类基本公式。

7.1.2.1 基于地震烈度的可靠性公式

抗震结构在使用期限内发生破坏的概率 P_f 可写成

$$P_f = \sum_j P_{fj}(R < S \mid I_j)P(I_j) \tag{7-2a}$$

式中 $P(I_j)$—— 场地所在地区在结构使用期限内 I_j 烈度发生的概率，可由地震危险性分析方法求得；

$P_{fj}(R < S \mid I_j)$—— 在 I_j 烈度的地震作用下结构失效的条件概率。

抗震结构在使用期限内的可靠度 P_s 可表示为

$$P_s = 1 - P_f$$

或

$$P_s = \sum_j P_{sj}(S < R \mid I_j)P(I_j) \tag{7-2b}$$

地震烈度与地面峰值加速度的关系采用下式

$$A = 10^{(I\lg 2 - 0.01)} \tag{7-3}$$

通过地面峰值加速度 A 与地面加速度功率谱密度函数中谱强度的关系，即建立了各等级烈度下的地震地面加速谱密度的关系。

7.1.2.2 基于地震烈度所对应的地面运动加速度峰值分布的可靠性公式

在以往的抗震设计及可靠性分析过程中，常将地震烈度与地面峰值加速度取为某种函数对应关系[式(7-3)]，这是不符合实际情况的。因为烈度所对应的峰值加速度具有很大的离散性，所以更合理的方法是将各烈度所对应的峰值加速度视为变量，收集有关资料进行统计分析，并确定峰值加速度的概率分布，下面具体讨论这个问题。

采用极值分布的尺度变换法，对水平地面加速度峰值 A 进行统计。设 A 的概率分布函数为

$$\begin{aligned} F(A) &= \exp\{-\exp[-(c_1 + c_2A + c_3\lg A)]\} \\ &= \exp[-\exp(-b)] \end{aligned} \tag{7-4}$$

其中

$$b = c_1 + c_2A + c_3\lg A$$

参数 c_1、c_2、c_3，由最小二乘法确定：

$$\begin{cases} c_1 n + c_2\sum_{i=1}^{n}A_i + c_3\sum_{i=1}^{n}\lg A_i = \sum_{i=1}^{n}b_i \\ c_1\sum_{i=1}^{n}A_i + c_2\sum_{i=1}^{n}A_i + c_3\sum_{i=1}^{n}A_i\lg A_i = \sum_{i=1}^{n}A_ib_i \\ c_1\sum_{i=1}^{n}\lg A_i + c_2\sum_{i=1}^{n}A_i\lg A_i + c_3\sum_{i=1}^{n}(\lg A_i)^2 = \sum_{i=1}^{n}(\lg A_i)b_i \end{cases} \tag{7-5}$$

我们收集了国内外的一些数据，按上式进行了统计分析。数据取每个台站记录中两个水平分量的较大者，算得的各参数列于表 7-1。

表 7-1 极值分布的尺度变换法中的参数

烈度	样本数	$A(cm/s^2)$	σ_A	A_{min}	A_{max}	c_1	c_2	c_3
5	40	38.09	30.06	11.2	121.0	−5.2505	0.0012	3.8843
6	32	80.42	72.99	11.5	309.4	−3.2586	0.066	1.8866
7	72	146.18	81.88	29.5	479.6	−4.4463	0.0096	1.7118
8	7	265.14	173.96	77.6	607.6	−4.8289	0.0021	2.2001

若设 A 服从极值 Ⅰ 型分布，则其分布函数为

$$F(A)=\exp\left\{-\exp\left[-\frac{(A-\beta)}{\alpha}\right]\right\} \tag{7-6}$$

实际上，式(7-6) 只是式(7-5) 中 $c_3=0$ 时的特例而已。采用同样方法求得各参数值列于表 7-2。

表 7-2 极值 Ⅰ 型分布中的参数

烈度	α	β
5	23.44	24.56
6	56.91	47.57
7	663.84	109.33
8	135.64	187.12

对由以上两种方法得到的概率分布用 χ^2 检验法进行拟合检验，在显著水平为 0.05 的标准下，检验数据列于表 7-3(由于 Ⅷ 度的数据太少，未进行检验)。

表 7-3 χ^2 检验

烈度	极值分布的尺度变换法		极值 Ⅰ 型	
	$K-r-1$	χ^2	$K-r-1$	χ^2
5	2	0.821	2	3.06
6	1	0.847	2	5.785
7	2	1.268	2	2.028

两种方法算得的 χ^2 值，均能通过显著水平为 0.05 的 χ^2 检验[$\chi^2_{0.05}(2)=5.991$，$\chi^2_{0.05}(1)=3.8$]，从表 7-3 可见，极值分布的尺度变换法的 χ^2 值小于极值 Ⅰ 型分布的相应值。因此，可以认为各烈度所对应的水平地面加速度峰值 A 符合由极值分布的尺度变换法所描述的概率分布。

在使用期内结构发生破坏的概率可写成

$$P_f = \sum_i \int_0^{\infty} P_f(P < S \mid I_j, A) f(A \mid I_j) P(I_j) \mathrm{d}A \tag{7-7}$$

其中，$f(A \mid I_j)$ 为烈度地震水平加速度峰值的概率密度函数。为便于计算，将式(7-7) 写成如下离散形式：

$$P_f = \sum_j \sum_K P_f(R < S \mid I_j, A'_K)[F(A_K \mid I_j) - F(A_{K-1} \mid I_j)]P(I_j) \tag{7-8}$$

其中

$$A'_K = \frac{A_K + A_{K-1}}{2}$$

7.1.2.3　考虑地震烈度模糊性的可靠性公式

如前所述，目前仍采用地震烈度的离散区域。但是，作为描述地震强烈程度的综合变量 —— 烈度，应是渐变的，论域应是连续的。即使在烈度划分为等级的情况下，各等级间应是逐渐过渡的。

鉴于目前我国地震学界、地震工程界及抗震设计中采用烈度的离散论域，为充分利用现有的地震危险性分析的成果，可以仍采用烈度的离散论域，但每一个烈度等级 I_j 应该是连续论域[0,12]上的一个模糊子集，称为模糊烈度 $\underset{\sim}{I}$。模糊烈度 $\underset{\sim}{I}$ 是个模糊区间，其隶属函数应具有图 7-1 所示的性质。它在区间的中点值等于 1，在相邻烈度区间交界处对两个烈度的隶属度等于 0.5。根据以上特征，可将 I 对 $\underset{\sim}{I}$ 隶属函数写成

$$\mu_{\underset{\sim}{I}_j}(I) = \frac{1}{2}[\cos(I - I_j)\pi + 1], \quad I \in [I_j - 1, I_j + 1] \tag{7-9}$$

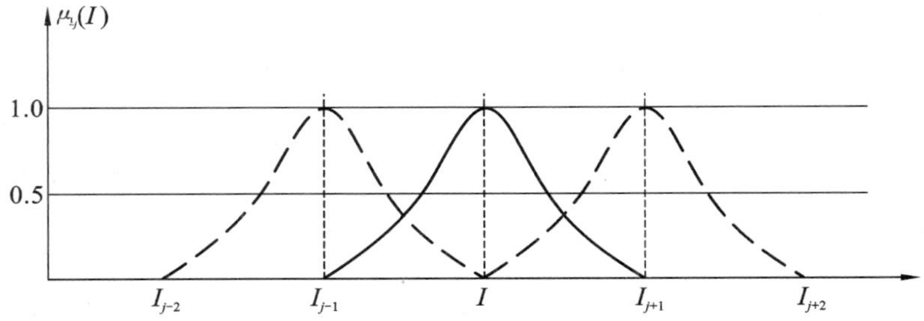

图 7-1　模糊烈度隶属函数性质

若将原离散论域等级烈度 I_j 理解为模糊烈度 $\underset{\sim}{I}_j$，相应地有

$$P(\underset{\sim}{I}_j) = P(I_j) \tag{7-10}$$

结构在其使用期内发生破坏的概率按下式计算：

$$P_f = \sum_j P(\underset{\sim}{I}_j) P_f(\underset{\sim}{I}_j) \tag{7-11}$$

其中

$$P_f(\underset{\sim}{I}_j) = \int_{I_{j-1}}^{I_{j+1}} \frac{\mu_{\underset{\sim}{I}_j}(I)}{P_f(I)} \tag{7-12}$$

式中　$P_f(\underset{\sim}{I}_j)$—— 结构遭遇模糊烈度 $\underset{\sim}{I}_j$ 的地震时的破坏概率；

$P_f(I)$—— 结构遭遇烈度 I 的地震时的破坏概率。

7.1.2.4 同时考虑地震烈度的模糊性和峰值加速度随机性的可靠性公式

对于这种计算模型，式(7-11) 的形式不变，而式(7-12) 可写成

$$P_{f_j}(R < S \mid \underset{\sim}{I_j}) = \frac{\int_{I_{j-1}}^{I_{j+1}} \mu_{\underset{\sim}{I_j}}(I)}{\int_0^{\infty} P_{f_j}(R < S \mid I, A) f(A \mid I) \mathrm{d}A} \tag{7-13}$$

7.1.3 抗震结构承载能力的可靠性分析

在计算结构“小震不坏”的可靠性时，对结构在多遇地震作用下进行其弹性范围内的承载能力的可靠性分析，分析步骤如下：

(1) 按文献[46]中第 15.3 节或第 15.4 节中所述方法及公式计算结构的最大反应；

(2) 计算第 i 层的可靠度 P_{S_i}。

采用首次超越破坏机制，则

$$P_{S_i}(\tau) = P\{\max S_i \leqslant R_i \cap \min S_i \geqslant -R'_i; t \in [0, \tau]\}$$

若取安全界线 R_i 为定值，并取反应超越界线的事件符合泊松假定，则

$$P_{S_i}(\tau) = \exp\left\{-\frac{\tau}{2\pi}\frac{\sigma_{S_i}}{\sigma_{\dot{S}_i}}\left[\exp\left(-\frac{R_i^2}{\sigma_{S_i}^2}\right) + \exp\left(\frac{-R_i'^2}{\sigma_{\dot{S}_i}^2}\right)\right]\right\}$$

对一般多层建筑来说，可取楼层剪力作为控制指标，第 i 层剪力 Q_i 及其倒数 $\dot{Q}_i$ 的标准差按以下公式计算：

$$\begin{cases} \sigma_{Q_i} = \sum_{j=1}^{n}\left(\sum_{l=i}^{n}\omega_j^2 \Phi_{jl} m_l\right)\sigma_{q_j} \\ \sigma_{\dot{Q}_i} = \sum_{j=1}^{n}\left(\sum_{l=i}^{n}\omega_j^2 \Phi_{jl} m_l\right)\sigma_{\dot{q}_j} \end{cases}$$

第 i 层最大剪力的统计量可表示为

$$\begin{cases} E[\max Q_i] = P_i \sigma_{Q_i} \\ \sigma[\max Q_i] = f_i \sigma_{Q_i} \end{cases}$$

其中，P_i、f_i 为峰值因子，按文献[46]中的式(15-33)、式(15-34) 取值；而 σ_{q_j}、$\sigma_{\dot{q}_j}$ 可按文献[46]中的式(15-24)、式(15-25) 或式(15-55) 计算。

7.1.4 抗震结构基于各种破坏准则的可靠性分析

破坏准则的研究，破坏机理的分析以及破坏指标的确定，对于合理地进行结构的可靠性分析具有重大的意义。下面讨论几种有代表性的结构破坏准则。并相应地提出可靠性分析的方法。

7.1.4.1 强度破坏准则

因为结构受力大于允许承载能力而导致其破坏。基于强度破坏准则的可靠性分析，最为方便的方法是用文献[46]中第 15.4 节所述的“抗震结构随机振动分析的反应谱法”计算反应的统计量，并进行可靠性分析。

“小震不坏”的可靠性分析是基于强度破坏准则而进行的。

延性结构屈服后，强度基本上不再增加，但塑性变形仍在发展，故基于强度破坏准则的

可靠性分析，即结构承载能力的可靠性对于延性结构只是反映其进入塑性状态的概率，并不代表抗震结构破坏倒塌的概率。但是由于一般结构的设计均采用承载能力状态设计方法，因此，基于强度破坏准则的可靠性分析，即承载能力的可靠性分析是建立以概率为基础的抗震设计方法所要研究的基本问题之一。

7.1.4.2　变形破坏准则

因为结构的总体或层间变形超过了变形指标而导致其破坏，变形破坏准则比强度破坏准则评价抗震结构的破坏情况更为接近实际。

基于变形破坏准则的可靠性分析，可采用文献[46]的第15.6节的方法求得变形反应的统计量，并进行可靠性分析。下面就以钢筋混凝土框架结构为例，说明该方法的应用。

一些试验研究结果表明，剪切型钢筋混凝土框架结构的地震反应 S 和极限变形指标 R（均指层间最大位移角）服从对数正态分布。对于剪切型结构，认为每榀框架具有统一的层间位移角，各柱的层间位移角为相同分布，将柱子的极限变形指标视为层间变形极限指标，大量的统计结果表明，可按柱子的剪跨比来确定柱子破坏临界最大位移角统计量。

$$m_{\mathrm{R}} = 5.4964 + \left(20.7525 + \frac{2-q}{1+0.5q}\right)e^{0.1q} \tag{7-14}$$

$$\sigma_{\mathrm{R}} = 0.3642 m_{\mathrm{R}} \tag{7-15}$$

其中，m_{R} 的单位为‰，q 为柱子的剪跨比。

在地震地面运动强度为 A，持续时间 τ 内结构层间最大位移反应 $X_{\mathrm{m}_i} = \max\{x_i\}$ 的统计量可按式(7-16)和式(7-17)计算，即

$$E[X_{\mathrm{m}_i}] = p_i \sigma_{\mathrm{x}_i} \tag{7-16}$$

$$\sigma_{\mathrm{X}_{\mathrm{m}_i}} = f_i \sigma_{\mathrm{x}_i} \tag{7-17}$$

其中，P_i，f_i 按文献[46]中式(15-33)、式(15-34)计算。

层间最大位移角 S_i 的地震反应的统计量为

$$m_{\mathrm{S}_i} = \frac{E[X_{\mathrm{m}_i}]}{H_i} \tag{7-18}$$

$$\sigma_{\mathrm{S}_i} = \frac{\sigma_{\mathrm{X}_{\mathrm{m}_i}}}{H_i} \tag{7-19}$$

式中　H_i——第 i 层层高。

因此，在考虑了荷载效应及抗力的随机性的基础上，结构第 i 层发生破坏的概率为

$$P_{\mathrm{f}_i} = P(R_i < S_i \mid A,\tau) = 1 - \Phi(\beta) \tag{7-20}$$

其中

$$\begin{cases} \beta = \dfrac{\ln\left[\dfrac{\sqrt{1+V_{\mathrm{S}_i}^2}}{\sqrt{1+V_{\mathrm{R}_i}^2}} \dfrac{m_{\mathrm{R}_i}}{m_{\mathrm{S}_i}}\right]}{\sqrt{\ln(1+V_{\mathrm{R}_i}^2)(1+V_{\mathrm{S}_i}^2)}} \\ V_{\mathrm{R}_i} = \dfrac{\sigma_{\mathrm{R}_i}}{m_{\mathrm{R}_i}} \\ V_{\mathrm{S}_i} = \dfrac{\sigma_{\mathrm{S}_i}}{m_{\mathrm{S}_i}} \end{cases} \tag{7-21}$$

7.1.4.3 能量破坏准则

结构的破坏是因为其滞变能耗累积超过破坏界限而产生的，这是从能量吸收的观点来考虑非线性体系的反应过程及破坏机理的。

根据研究，滞变能耗 $\varepsilon(\tau)$ 的概率密度函数可取为

$$f(\varepsilon)=\frac{a^b}{\Gamma(b)}\varepsilon^{b-1}\mathrm{e}^{-a\varepsilon} \tag{7-22}$$

其中

$$\Gamma(b)=\int_0^{\infty}\mathrm{e}^{-u}u^{b-1}\mathrm{d}u,\quad a=\frac{E[\varepsilon]}{\sigma_\varepsilon^2},\quad b=\frac{E^2(\varepsilon)}{\sigma_\varepsilon^2}$$

$E[\varepsilon]$、σ_ε 可由文献[46]的第 15.6 节所给出的方法求得。

设滞变能耗累积的界限值为 W，则在地震地面强度为 A，持续时间为 τ 的地震干扰下，结构发生破坏的概率为

$$P[\varepsilon(\tau)>W\mid A,\tau]=1-\int_0^W f(\varepsilon)\mathrm{d}\varepsilon=1-\frac{\Gamma(b,aW)}{\Gamma(b)} \tag{7-23}$$

其中

$$\Gamma(b,aW)=\int_0^{aW}\mathrm{e}^{-u}u^{b-1}\mathrm{d}u \tag{7-24}$$

7.1.4.4 变形和能量双重破坏准则

地震对结构物所造成的破坏形式大致可分为两种：一种是由于高强度的地面运动，在很短的时间内使结构产生很大的变形，从而发生破坏，在这种情况下，采用变形破坏准则是恰当的。但这时结构的滞变能耗可能并不大，故能量破坏准则对此种破坏形式不能给予符合实际的描述。另一种破坏形式是由于地震持续时间较长，结构滞变能耗累积增加，材料性能发生退化，从而导致破坏。此种破坏发生时，其变形可能还未到变形破坏值，而结构已发生破坏；对于此种情况，采用能量破坏准则是合适的，而变形破坏准则不能给予符合实际的描述。

由于未来地震的发生，其强度、频谱、持时等因素都是未知的，因此需建立适用于各种破坏形式的破坏准则。由上面的分析结构地震破坏形式可知，采用变形和滞变能耗双重破坏准则，可以更准确地描述结构的弹塑性破坏程度，更全面地反映地震动的强度、频率和持时的作用，故研究双重破坏机制及其可靠性分析是很有必要的。

取破坏指标为

$$D=\frac{X_\mathrm{m}}{X_\mathrm{u}}+\frac{\beta_\mathrm{c}}{Q_\mathrm{y}X_\mathrm{u}}\varepsilon(\tau) \tag{7-25}$$

式中 X_m—— 最大位移反应；

X_u—— 一次加载下的极限位移；

Q_y—— 屈服强度；

$\varepsilon(\tau)$—— 时间 τ 内累积的滞变能量；

β_c—— 吸能因子。

式(7-25)表明，破坏指标由最大位移及滞变能量两部分组成，故此法称为变形和能量双重破坏准则。

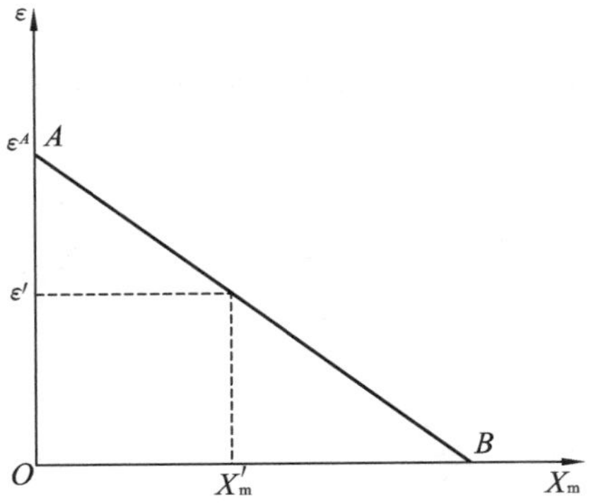

图 7-2　D 值表征的破损程度

不同的 D 值表征不同的破损程度。如图 7-2 所示，式(7-25) 表示的直线方程 AB 将坐标平面分成两部分，三角形 OAB 表示不发生破损程度为 D 的区域。而发生破损程度为 D 的概率为

$$P_f(D \mid A,\tau) = 1 - P(X_m \leqslant X'_m \mid \varepsilon = \varepsilon', 0 \leqslant \varepsilon \leqslant \varepsilon^A, \tau, A)$$
$$= 1 - \int_0^{\varepsilon^A} F(X'_m,\tau) f(\varepsilon') \mathrm{d}\varepsilon' \tag{7-26}$$

其中

$$\varepsilon^A = \frac{DQ_y X_u}{\beta_c}, \quad X'_m = X_u\left(D - \frac{\beta_c \varepsilon'}{Q_y X_u}\right)$$

设反应 X 在持续时间 τ 内出现的峰值点彼此独立，则

$$F(X_m,\tau) = \exp\left[-\frac{\tau\sigma_{\dot{x}}}{\pi\sigma_x}\exp\left(-\frac{X_m^2}{2\sigma_x^2}\right)\right] \tag{7-27}$$

滞变能耗概率密度函数由式(7-22) 给出。

为简化计算，也可直接由式(7-25) 求破坏指数反应的统计量，若设 X_m 和 $\varepsilon(\tau)$ 完全相关，则

$$m_S = \frac{E[X_m]}{X_u} + \frac{\beta_c}{Q_y X_u} E[\varepsilon(\tau)] \tag{7-28}$$

$$\sigma_S^2 = \frac{\sigma_{X_m}^2}{X_u} + \frac{2\beta_c}{Q_y X_u}\sigma_{X_m}\sigma_\varepsilon + \frac{\beta_c^2}{Q_y^2 X_u^2}\sigma_\varepsilon^2 \tag{7-29}$$

文献[42] 的研究结果表明，钢筋混凝土构件抗倒塌的破坏指标 D 服从对数正态分布，且均值 $m_R = 1.008$，标准差 $Q_R = 0.535$。

假设破坏指数反应 D 服从对数正态分布，发生倒塌破坏的概率为

$$P_f(A,\tau) = 1 - \Phi(\beta) \tag{7-30}$$

按式(7-21) 计算 β 值。

反应统计量 Q_x、Q_y、$E[\varepsilon(\tau)]$、Q_ε 按文献[46] 第 15.6 节的有关公式进行计算，$E[X_m]$、σ_{X_m} 按式(7-16)、式(7-17) 计算，再按本节的公式则可求得结构层间的破坏指标 D 的反应统计量，以及各层可靠性分析的结果。

若认为结构的任何一层发生破坏，则整个结构发生破坏，那么结构的可靠度 P_s 应在下式所表述的范围内：

$$\prod_{i=1}^{n} P_{si} \leqslant P_s \leqslant \min_{i=1}^{n} P_{si} \tag{7-31}$$

式中　P_{si}—— 第 i 层的可靠度。

式(7-31) 的上限 $P_s = \min\limits_{i=1}^{n} P_{si}$ 的意义是：可靠度最小的一层最先发生破坏是个必然事件。这是不合理的，因为可靠度最小的一层不一定是最先破坏的，而取其下限要合理一些。即

$$P_s = \prod_{i=1}^{n} P_{si} \tag{7-32}$$

这个公式只是基于各层破坏是个独立重复试验的假定，而且是偏于安全的。况且对于作抗震验算或抗震设计来说，界限值一般取得较大，因而这个假定是较为合理的。在这种情况下结构的失效概率则为

$$P_f = 1 - \prod_{i=1}^{n}(1 - P_{fi}) \tag{7-33}$$

值得指出的是，式(7-32) 给出的可靠度计算公式表示了结构每一层均不失效的概率。我们认为某些可靠性研究者定义整体结构的反应值为各层反应量的函数，并据此作可靠性分析的方法是不恰当的。因为有可能出现这样的情况：结构某一层或几层的反应已超过临界破坏指标，而整体结构的总反应仍小于临界破坏指标。

基于这种事实，我们认为将各层的破坏与否作为一个基本事件是适宜的、必要的。

7.1.5　抗震结构的可靠性分析方法和实例计算

《建筑抗震设计规范》(GBJ 11—1989) 的一个极为重要的贡献，是提出了三水准设防标准。即抗震结构遭遇“小震(多遇地震) 不坏，中震(基本烈度) 可修，大震(罕遇地震) 不倒”的设计原则。这不仅是一个抗震设计概念原则、方法的发展，而且密切关系着亿万人民的生命财产的安全。

与此相对应，我们认为应当研究抗震结构“小震不坏，中震可修，大震不倒” 的可靠性分析方法。这个问题的求解包括以下几个基本步骤：

(1) 小震、中震、大震的定义

简单地说，“小震” 就是多遇地震，即 50 年超越概率 63.2% 的地震；中震为基本烈度地震，即 50 年超越概率为 10% 的地震；大震为罕遇地震，即 50 年超越概率为 2% ～ 3% 的地震。

(2) 小震、中震、大震的确定

由于小震、中震、大震是按地震发生概率确定的，因而必须对各地区进行地震危险性分析，并确定地震烈度的概率分析。文献[47] 对我国 45 个城镇地区的地震烈度概率分布作了一些统计分析。结果表明在设计基准期 50 年内地震烈度符合极值 Ⅲ 型分布：

$$F(I) = \exp\left[-\left(\frac{\omega - I}{\omega - \varepsilon}\right)^k\right]$$

式中　ω—— 烈度上限值，可以取 $\omega = 12$；

ε—— 众值烈度；

k—— 形状参数。

(3) “小震不坏” 的可靠性分析

首先，需按文献[46] 中第 15.3 节所述方法计算结构的地震反应，然后按前面的 7.1.2 节和 7.1.3 节所述方法计算“小震不坏” 的可靠度。

(4) “中震可修” 及“大震不倒” 的可靠性分析

首先，需按文献[46] 中第 15.6 节所述方法计算结构的非线性随机地震反应，然后按前面的 7.1.2 节和 7.1.3 节所述方法计算“中震可修” 及“大震不倒” 的可靠度。

在抗震结构可靠性分析中，界限值的确定是一个关键问题。一般说来，对于“小震不坏”

的可靠性分析。如 7.1.3 节所述，取楼层剪力作为控制量，界限值取构件屈服前的明显开裂状态的楼层剪力值；对于“大震不倒”的可靠性分析，则采用 7.1.4 节中所述的变形和能量双重破坏准则，并按式(7-30)及有关公式计算；对于“中震可修”的界限，一般可取层间初始屈服位移的 2 倍左右。

应当指出，界限值的确定主要是依靠大量的试验研究及实际震害调查和分析。我们对框架轻板建筑进行过一些试验，并提出了有关界限值。参见本节中的工程实例计算和分析。

【例 7-1】 图 7-3 为石家庄某一钢筋混凝土框架结构的平面示意图。该建筑物为五开间、两跨、三层，跨度为 4.5 m，开间为 3.2 m，层高为 2.8 m，抗震设防烈度为 7 度。基本结构构件为 300 mm×300 mm 离心方管柱(内孔 ϕ160 mm)和 3200 mm×4500 mm 井式肋形大楼板。

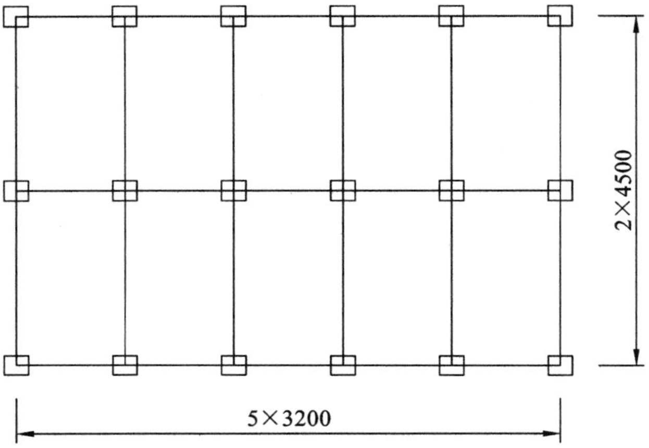

图 7-3　钢筋混凝土框架结构

楼板四角支承于柱上，在纵、横向相邻楼板之间有 10 cm 宽的钢筋混凝土现浇带，板边肋的外侧面留有凹槽，且有伸出钢筋相互焊接，通过现浇节点和楼板现浇带使结构的整体性大大加强。

我们曾对该结构的原型空框架做过整体性破坏性试验，有关的结构特性及参数是参照其试验研究结果并按设计规范的要求加以确定的(表 7-4 及表 7-5)。

表 7-4　结构参数

楼层	m(kg)	k(kN/cm)	α	屈服剪力(kN)	ξ
1	988.24	588	0.02	411.6	0.02
2	988.24	588	0.02	411.6	0.02
3	956.48	588	0.02	411.6	0.02

建筑物所在地区石家庄的抗震设防烈度为 7 度，Ⅱ 类场地土。地震危险性分析的结果见表 7-6。

表 7-5 滞变参数

楼层	A_i	r_i	β_i	δ_i
1	1.0	2.0	2.94	−0.98
2	1.0	2.0	2.94	−0.98
3	1.0	2.0	2.94	−0.98

表 7-6 石家庄地区 50 年内地震烈度超越概率(%)

烈度	5.0 度	5.5 度	6.0 度	6.5 度	7.0 度	7.5 度
超越概率	98.04724	90.50667	73.62990	51.08515	30.18266	15.74254
烈度	8.0 度	8.5 度	9.0 度	9.5 度	10.0 度	10.5 度
超越概率	7.46286	3.29559	1.365777	0.54355	0.20479	0.07497

计算求得的结构动力特性为

$$\begin{cases}\omega_1 = 11.003590 \\ \omega_2 = 30.795380, \\ \omega_3 = 44.43500\end{cases} \quad \begin{cases}\Phi_1 = [0.445982, 0.803045, 1] \\ \Phi_2 = [1.237888, 0.542658, -1] \\ \Phi_3 = [1.767614, -2.21180, 1]\end{cases}$$

“小震烈度”:$I = 7 - 1.55 = 5.45$ 度,在小震“烈度”下,采用文献[46]第 15.3 节的方法求得的结构各层间最大剪力统计量,见表 7-7。

表 7-7 层间最大剪力反应的统计量(kN)

层次	$E[Q_m]$	σ_{Q_m}
1	309.39197	17.35033
2	221.24771	12.39926
3	198.26343	11.53688

取层间屈服剪力 $F_y = 411.6$ kN 作为“小震不坏”可靠性分析的界限值,求得结构完成“小震不坏”预定功能的概率为

$$P_s = 0.991707$$

对于基本烈度为 7 度的地区,“大震”的地面峰值加速度取相应“小震”的 6 倍。在“大震”级的地震作用下,结构层间最大位移统计量见表 7-8。

表 7-8 层间最大位移统计量(cm)

层次	$E[X_m]$	σ_{X_m}
1	3.0356783	0.338680
2	2.0221615	0.200303
3	1.050144	0.090756

在各烈度地震作用下，结构层间最大位移统计量见表 7-9。

表 7-9 各烈度地震作用下层间最大位移统计量(cm)

层次	6 度		7 度		8 度		9 度		10 度	
	$E[X_m]$	σ_{X_m}	$E[X_m]$	σ_{X_m}	$E[X_m]$	σ_{X_m}	$E[X_m]$	σ_{X_m}	$E[X_m]$	σ_{X_m}
1	0.637517	0.050801	1.262465	0.113115	2.955415	0.324572	8.545775	1.209717	30.235880	4.810004
2	0.46687	0.035801	0.852403	0.070452	1.953474	0.191895	5.750515	0.788087	20.528260	3.399159
3	0.265604	0.018573	0.451293	0.032484	1.013788	0.086678	2.948218	0.374367	10.465150	0.549562

该类结构的试验结果表明，当顶点位移为 24.9 cm，底层位移超过 10 cm 时，主要还是底层发生了严重破坏；而当临近倒塌时，据观测，该结构的顶点位移超过了 100 cm。可见取结构层间位移 10 cm(约为初始屈服位移的 10 倍) 为结构发生倒塌的界限值，是允许的。那么，该结构在使用期限内(50 年内)，完成“大震不倒” 功能的概率可求得为 0.999999，或者说，几乎为 1，即该结构“大震不倒” 可视为必然事件。

在 9 度、10 度地震干扰作用下结构各层不发生倒塌的概率见表 7-10。

表 7-10 结构各层不发生倒塌概率

层次 \ 可靠度 \ 烈度	9 度	10 度
1	0.788847	0.0440966
2	0.994393	0.100224
3	1	0.536027

在发生 9 度、10 度地震情况下结构不发生倒塌的概率分别为

$$P_s(9\text{ 度}) = 0.784424$$

$$P_s(10\text{ 度}) = 0.002369$$

结构在使用期限内不发生倒塌的概率为各烈度发生的概率 $P(I_j)$ 乘以该烈度地震作用下的 $P_s(I_j)$ 之和。即按文献[46] 中的式(15-26) 计算：

$$P_s = 0.967044 \times 1 + 0.027520 \times 0.784424 + 0.000469 \times 0.002369 = 0.988643$$

根据空框架的整体破坏性试验的结果，层间位移超过 2 cm(若为初始屈服位移的 2 倍) 后，结构主筋屈服，柱端、梁端出现交圈裂缝，修复已有一定困难。故取结构层间位移为 2 cm，作为可修复的界限值。

表 7-11 结构“可修” 的概率

层次 \ 可靠度 \ 烈度	7 度	8 度	9 度
1	0.995923	0.095719	0.014680
2	1.0	0.625217	0.021185
3	1.0	0.999971	0.146452

在发生 7 度、8 度、9 度地震情况下，结构“可修”(包括不屈服) 的概率(参见表 7-11) 分别为 P_s(7 度) = 0.995923，P_s(8 度) = 0.059843，P_s(9 度) = 0.000046。

在设计使用期限内结构“可修”的可靠度为各烈度发生的概率 $P(I_j)$ 乘以 $P_s(I_j)$ 之和：

$$P_s = 0.489173 \times 1 + 0.353426 \times 0.995923 + 0.124470 \times 0.059843 + 0.027520 \times 0.000046 = 0.8486080$$

通过以上分析，可以得出如下重要结论：

(1) 表 7-7 ～ 表 7-9 表明，结构在各烈度地震作用下的反应(层间位移、剪力) 以底层最大，第二层次之，顶层最小；表 7-10 ～ 表 7-11 表明，结构抗震可靠度则以第一层最小，第二层次之，顶层最大。这与该结构整体破坏性试验结果是一致的。

(2) 表 7-7 表明，在“小震” 作用下，各层剪力小于或远小于相应的屈服剪力，且结构关于“小震不坏” 的可靠度为 P_s = 0.991707。对于抗震结构来说，这种可靠度已经很高了。

(3) “大震” 烈度可视为 8 度。表 7-9 表明，在“大震” 作用下，结构的最大层间位移为 2.955415，约为初始屈服位移的 3 倍。这种状态显然离临近倒塌的变形还很远，求得结构关于“大震不倒” 的可靠度 P_s = 0.999999，几乎为 1。

(4) “中震” 烈度为基本烈度，即 7 度。表 7-9 表明，在“中震” 作用下，结构的最大层间位移为 1.262465，顶点位移为 2.56616(均按统计平均值计算的)，则刚超过初始屈服点。这种状态显然是属于“可修” 范围，求得结构关于“中震可修” 的可靠度 P_s = 0.995923，几乎可视为 1。

需要注意，结构关于“小震不坏、中震可修、大震不倒” 的可靠度，实际上是条件概率，是在“小震”、“中震”、“大震” 烈度的地震作用下结构不被破坏的概率，而“可修” 不倒塌可靠度是在多烈度地震作用下结构完成“可修”、“不倒塌” 功能的概率。

【例 7-2】　单层钢筋混凝土框架结构，其结构参数和滞变参数见表 7-12。

用本章 7.1.4 节所提出的最大变形和滞变能耗双重破坏机制的可靠性分析方法计算该结构的可靠性，统计量见表 7-13。

表 7-12　结构参数和滞变参数

M(t)	k(kN/cm)	α	ξ	X_y(cm)	X_m(cm)	A	r	β	σ
0.7	300	0.05	0.05	1.0	7	1.02	2.0	1.5	−0.5

表 7-13　最大位移(X_m) 和滞变能耗(ε) 破坏指数(D) 反应的统计量

烈度	$E[X_m]$(cm)	σ_{X_m}	$E[\varepsilon]$(kN·cm)	σ_ε	$E[D]$	σ_D
7	0.989471	0.084649	193.9077	43.27866	0.1552036	0.026060
8	2.328668	0.227009	879.0417	176.7388	0.395456	0.083322
9	5.95319	0.680685	3828.08	731.1293	1.123884	0.288580

用位移破坏准则和最大变形及滞变能耗双重破坏准则分别计算了该结构不发生严重破

坏的概率，见表 7-14。

表 7-14　结构可靠度 P_s

可靠度＼烈度	7 度	8 度	9 度
位移破坏准则	1.0	0.999999	0.453460
双重破坏准则	0.999960	0.93822	0.3594

运用双重破坏准则进行可靠性分析，其结果小于基于位移破坏准则可靠性分析的值，这是因为该法考虑了持时的影响，结构滞变能耗的增加，而导致结构累积损伤的效应。

【例 7-3】　北京某框架轻板抗震试验住宅，其平面如图 7-4 所示，此住宅外墙板采用复合板墙，内墙板采用轻钢龙骨纸面石膏板，层高 2.8 m，四层。按 8 度设防，Ⅱ 类场地土。

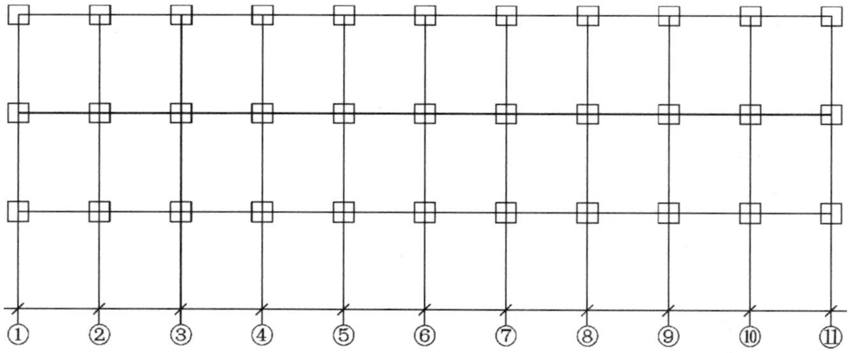

图 7-4　某框架轻板抗震试验住宅平面图

从该框架轻板抗震试验住宅中抽出了一个单元，进行整体破坏性试验，对该结构的静力性能和动力性能进行了研究，得到了结构的各种破坏指标限值。根据试验结果，对此框架轻板结构进行了可靠性分析。

已有试验结果确定滞变参数(表 7-15)，进行非线性随机地震反应分析，计算结果列于表 7-16。

表 7-15　结构参数和滞变参数

层次	$M_i(t)$	k(kN/cm)	ξ	F_y(kN)	α_i	A_i	r_i	β_i	σ_i
1	2.42202	2404	0.0312	4007.5	0.1	1.0	2.0	0.8501	1.0
2	2.42202	2404	0.0312	4007.5	0.1	1.0	2.0	0.8501	1.0
3	2.42202	2404	0.0312	4007.5	0.1	1.0	2.0	0.8501	1.0
4	2.42202	2404	0.0312	4007.5	0.1	1.0	2.0	0.8501	1.0

表 7-16 随机地震反应统计量

统计量＼烈度 层次	6度		7度		8度		9度		10度	
	$E[X_m]$	σ_{X_m}	$E[X_m]$	σ_{X_m}	$E[X_m]$	σ_{X_m}	$E[X_m]$	σ_{X_m}	$E[X_m]$	σ_{X_m}
1	0.653754	0.050841	1.244154	0.105674	2.957767	0.31120	8.433685	1.268297	26.68166	5.29628
2	0.53950	0.041441	0.931902	0.075846	1.940729	0.185108	5.153674	0.707291	15.95695	3.399536
3	0.3991063	0.029099	0.627618	0.047702	1.172839	0.097951	3.100643	0.367106	8.897957	1.972133
4	0.210993	0.014956	0.323400	0.02270	0.566195	0.0042237	1.473388	0.150885	4.084054	0.870205

试验所得的结构破坏限值如表 7-17 所示。

表 7-17 变形控制值(层间相对转角)

变形特征	柱初裂	板初裂	框架屈服	墙板破坏	极限变形
X/H	1/1410	1/330	1/240	1/156	1/42

在各结构使用期限内,出现不同程度的破坏的概率(详见表 7-18 ～ 表 7-20)求得如下:

表 7-18 所在地区地震烈度概率分布函数(50 年)

烈度	5.5度	6.0度	6.5度	7.0度	7.5度	8.0度
$F(I)$	0.1000	0.2710	0.4960	0.7000	0.8410	0.9235
烈度	8.5度	9.0度	9.5度	10.0度	10.5度	
$F(I)$	0.9658	0.9856	0.9943	0.9978	0.9992	

表 7-19 各层出现不同程度破坏的概率

烈度	层次	柱初裂 P_f	板初裂 P_f	框架屈服 P_f	墙板破坏 P_f	极限变形 P_f
6度	1	1.0	0.004102	0.000001	0.0	0.0
	2	1.0	0.000040	0.01	0.0	0.0
	3	1.0	0.0	0.0	0.0	0.0
	4	0.803607	0.0	0.0	0.0	0.0
7度	1	1.0	1.0	0.762594	0.000702	0.0
	2	1.0	0.899846	0.010543	0.0	0.0
	3	1.0	0.001479	0.0	0.0	0.0
	4	1.0	0.0	0.0	0.0	0.0
8度	1	1.0	1.0	1.0	1.0	0.0
	2	1.0	1.0	1.0	0.786147	0.0
	3	1.0	1.0	0.45595	0.000163	0.0
	4	1.0	0.000106	0.0	0.0	0.0

续表 7-19

烈度	层次	柱初裂 P_f	板初裂 P_f	框架屈服 P_f	墙板破坏 P_f	极限变形 P_f
9 度	1	1.0	1.0	1.0	1.0	0.965000
	2	1.0	1.0	1.0	1.0	0.035481
	3	1.0	1.0	1.0	1.0	0.000002
	4	1.0	1.0	0.999507	0.035862	0.0
10 度	1	1.0	1.0	1.0	1.0	1.0
	2	1.0	1.0	1.0	1.0	1.0
	3	1.0	1.0	1.0	1.0	0.908937
	4	1.0	1.0	1.0	1.0	0.012403

表 7-20　结构出现不同程度破坏的概率

烈度	柱初裂 P_f	板初裂 P_f	框架屈服 P_f	墙板破坏 P_f	极限变形 P_f
6 度	1.0	0.004142	0.000001	0.0	0.0
7 度	1.0	1.0	0.765097	0.000702	0.0
8 度	1.0	1.0	1.0	1.0	0.0
9 度	1.0	1.0	1.0	1.0	0.966242
10 度	1.0	1.0	1.0	1.0	1.0

① 柱初裂：$P_f = 0.99922$。

② 板初裂：$P_f = 0.10 \times 0.0 + 0.396 \times 0.004142 + 0.504 \times 1.0 = 0.505640$。

③ 框架屈服：$P_f = 0.10 \times 0.0 + 0.396 \times 0.000001 + 0.345 \times 0.765097 + 0.159 \times 1.0 = 0.422959$。

④ 墙板破坏：$P_f = 0.496 \times 0.0 + 0.345 \times 0.000702 + 0.159 \times 1.0 = 0.159242$。

⑤ 极限变形：$P_f = 0.9658 \times 0.0 + 0.02845 \times 0.966242 + 0.05 + 0.0575 \times 1.0 = 0.03324$。

以上分析表明：该结构遭遇小震(6 ～ 7 度) 时，将保持基本完好，或者说保持“不坏”，最大层间位移的均值为 0.6 ～ 1.2 cm，钢筋未达到初始屈服；遭遇中震(8 度) 时，结构必将要发生不同程度的破坏，框架屈服的概率几乎为 1，最大层间位移有可能达到 3 cm，但还是在可修复的范围内；而当结构遭遇大震(9 度) 时，最大层间位移有可能达到 9 cm，超过了极限变形。从可靠度计算结果(表 7-19) 可以看出，第 1 层关于极限变形，亦即关于倒塌的概率高达 0.965。这就是说：“大震”(9 度弱) 不倒的可靠度低了一点，宜适当加强第 1 层；而“小震不坏” 和“中震可修” 的可靠度是较大的。

7.2　抗风结构的动力可靠性

7.2.1　概述

抗风结构安全度、舒适度的问题，如强风作用所造成的高耸结构的倒塌或破坏、高层建筑非结构性的破坏、强风的持续作用所引起的结构物中居住者和使用者的不舒适感等，越来越受到国内外学术界、工程界的重视。所谓抗风结构安全度、舒适度的问题，涉及的是结构在强风的作用下破坏或失效的问题，具体来讲，涉及抗风结构的六种失效形式：

① 结构或其部件的内力或应力超过容许值；

② 结构或其部件的位移或变形超过容许值；

③ 结构或其部件失稳；

④ 重复出现的、持久的动态作用力导致结构或其部件疲劳；

⑤ 气动弹性不稳定性，即结构物在风作用下的运动产生使其加剧的气动力；

⑥ 结构的动态运动使居住者、观看者心烦或不舒适。

其中前五种破坏形式均可视为由于结构的位移或应力超越某一界限（包括疲劳破坏界限）而导致结构的破坏或失效，一般归结于结构的安全度问题；而第六种失效形式则属于舒适度问题，通常认为它是由结构的加速度反应过大而造成的。

对于抗风结构而言，通常认为结构的动力可靠性即指在强风作用下结构的安全度。抗风结构的舒适度问题亦可以用动力可靠性理论来处理。因此，可以认为抗风结构的动力可靠性分析包括两个部分：基于安全度准则的动力可靠性分析和基于舒适度准则的动力可靠性分析。本章仅探讨抗风结构的安全度问题。

在强风作用下抗风结构基于安全度的动力可靠性分析是一个极为复杂的问题。它涉及：

① 风荷载的统计；

② 结构动力特性的计算；

③ 结构静力及动力反应的统计；

④ 结构的破坏机理与机制；

⑤ 结构动力可靠性的计算。

本章重点讨论基于安全度准则的抗风结构的破坏机理与机制及相应的动力可靠性计算方法。

7.2.2　结构的安全界限

对于高层建筑和高耸结构等抗风结构来说，结构破坏（从安全度的角度来看）的种类主要有：结构物的倒塌或结构构件的破坏（如输电线塔等高耸结构的倒塌、桅杆的折断），结构物的非结构构件的破坏[如结构物的变形过大引起的门窗、非承重体（板）、装饰部件等的损坏]，等等。这些均可以看成是由结构上某些关键点（或关键层）的位移反应（或与之线性、非线性相关的应力反应）超越安全界限造成的。这类超越界限一般均视为首次超越问题。

对于高层建筑或高耸结构而言，大量实测已证明，结构的顺风向风振反应以结构的基本振型为主，高振型的分量通常均可忽略不计。因此，结构的破坏模式和最易破坏的关键点（或关键层）在一般情况下是易于确定的，但具体界限必须通过大量试验研究、分析才能合理地确定。下面仅就刚度、强度、疲劳破坏问题作些简要讨论。

（1）刚度破坏或失效准则

所谓刚度破坏或失效是指结构、结构构件或非结构构件由于关键点或关键层的线位移、角位移或应变超过某一限值而引起的结构、结构构件或非结构构件的破坏或失效。

对于多层和高层建筑来说，通常以层间位移、顶点位移作为控制变量；而高耸结构通常以顶点位移作为控制变量。

（2）强度破坏或失效准则

所谓强度破坏或失效是指结构、结构构件的关键点或关键层的内力或应力超过某一限值而引起的结构、结构构件的破坏或失效。

对于多层和高层建筑来说，通常以层间剪力作为控制变量；而高耸结构则常以底部弯矩或薄弱部位的内力作为控制变量。

（3）疲劳破坏准则

有两类模型。一是疲劳裂纹形成和扩展机制，并认为最后断裂是由于应力首次超越剩余强度的结果；二是累积损伤机制，并认为累计损伤以1为安全界限。李桂青等在20世纪80年代就曾提出安全界限应区分为四类：确定性、随机性、模糊性及模糊随机界限。

在本章7.1.5节中对框架轻板建筑的结构与非结构构件的开裂、屈服、倒塌的层间位移界限值提出了具体建议，这些建议对于抗风结构可靠性分析也同样适用。

7.2.3 抗风结构在一次强风作用下的动力可靠性分析

在抗风结构的动力可靠性计算中，在确定结构破坏界限后，就需要确定结构的动力反应超越这一界限的概率——结构的破坏概率，或不超越这个界限的概率——结构的动力可靠性。

下面给出了几种常用的结构动力可靠性分析的计算方法。

（1）泊松过程法和Vanmarcke法

结构的动力可靠性计算方法是很多的，但从实际应用的角度看，泊松过程法及其Vanmarcke的修正式是最易被应用的，泊松过程法适用于各种对称或不对称的双侧界限（或单侧界限），而Vanmarcke法仅适用于双侧相同界限或单侧界限。

结构的风振反应中静力分量的存在，使得结构的安全界限是不对称的双侧界限。在计算风振反应的动力可靠性时，可直接采用泊松过程法，但不能直接采用Vanmarcke法。为解决这一问题，可以合理地假定结构静位移为一确定的正值（当平均风速不变时）。在这个前提下，由于结构的静位移通常大于动位移，故结构反应超越负的破坏界限的概率远远小于超越正的破坏界限的概率。因此，建议可近似只考虑单侧界限。

但在上述假定不成立时，针对Vanmarcke的修正方法，提出以下修正公式：

$$P_s(\lambda_1,-\lambda_2) = \exp\left\{-\frac{\omega_2}{2\pi}T\left[\exp\left(-\frac{r_1^2}{2}\right)\frac{1-\exp\left(\sqrt{\frac{\pi}{2}}qr_1\right)}{1-\exp\left(-\frac{r_1^2}{2}\right)}+\exp\left(-\frac{r_2^2}{2}\right)\frac{1-\exp\left(\sqrt{\frac{\pi}{2}}qr_2\right)}{1-\exp\left(-\frac{r_2^2}{2}\right)}\right]\right\} \tag{7-34}$$

其中，T 为结构动力反应持续时间；λ_1、λ_2 为界限值；其余参数为

$$r_j=\frac{\lambda_j}{\sigma_x}\qquad(j=1,2)$$

$$\omega_2=\frac{\sigma_{\dot{x}}}{\sigma_x}$$

$$q=\sqrt{1-\frac{\sigma_{\dot{x}}^2}{\sigma_x\sigma_{\ddot{x}}}}$$

在上式中，若令以下等式成立（一般情况下该等式并不成立），即

$$\frac{1-\exp\left(\sqrt{\frac{\pi}{2}}qr_j\right)}{1-\exp\left(-\frac{r_j^2}{2}\right)}\approx 1\qquad(j=1,2)$$

则式(7-34) 退化为泊松过程法：

$$P_s(\lambda_1,-\lambda_2) = \exp\left\{-\frac{\omega_2}{2\pi}T\left[\exp\left(-\frac{r_1^2}{2}\right)\exp\left(-\frac{r_2^2}{2}\right)\right]\right\} \tag{7-35}$$

在式(7-34) 及式(7-35) 中均需计算结构反应的视频率 ω_2。

(2) 几种极值分布法

当已知结构的极值反应分布时，若结构的破坏界限采用对称的双侧界限，则结构反应的动力可靠性可以采用文献[46] 中第 3.5 节给出的计算方法：

$$F_s(\lambda_1,-\lambda_2)=F_{z_m}(\lambda)=[F_{x_m}(\lambda)]^N \tag{7-36a}$$

式中　$F_{x_m}(\cdot)$，$F_{z_m}(\cdot)$—— 结构反应的极值 x_m 和绝对值 $z_m=|x_m|$ 的概率分布函数；

　　　N—— 时间(0，T] 内反应过程 $x(t)$ 的总数。

对于结构的风振反应来说，结构的破坏界限一般采用的是单侧界限。这时，结构反应的动力可靠性采用下式计算：

$$F_s(\lambda)=F_{z_{m1}}(\lambda)=[F_{x_m}(\lambda)]^{N/2} \tag{7-36b}$$

式中　$F_{x_m}(\cdot)$，$F_{z_m}(\cdot)$—— 结构反应的极值 x_m 和极大值（或极小值）$z_{m1}=\max\{x_m\}$ 的概率分布函数。

在基于式(7-36a) 或式(7-36b) 的动力可靠性计算中，必须知道结构反应的绝对极值（或极大值）的概率分布函数 $F_{z_{m1}}(\cdot)$ 及极值点的个数 N。

由文献[46] 中的第 3.4 节可知，当仅考虑平稳反应的极大值（或极小值）时，在时间(0，T] 内，结构位移反应的极值总数 N 的期望值（仍用 N 表示）可表示为：

$$N=\int_0^T\int_\lambda^0\int_{-\infty}^0 \ddot{x}f_x(x,0,\ddot{x})\mathrm{d}x\mathrm{d}\ddot{x}\mathrm{d}t=\frac{\sigma_{\ddot{x}}T}{\pi\sigma_{\dot{x}}} \tag{7-37}$$

但根据研究，采用式(7-37)计算抗风结构位移和加速度反应的极值数会带来一定的误差。当结构的风振反应为窄带过程时，应当采用结构反应超越零线的次数来估计，即持续时间 T 除以结构反应的视频率 f_2：

$$N=\frac{T}{f_2} \tag{7-38a}$$

对于位移反应来说，式(7-38a)简化为：

$$N=\frac{\sigma_{\dot{x}}T}{\pi\sigma_x} \tag{7-38b}$$

式(7-37)与式(7-38)的差别在于式(7-37)实际上是采用结构速度反应的视频率来估计结构位移反应的极值数，而式(7-38b)则是采用结构位移反应的视频率来估计结构位移反应的极值数。对于白噪声激励下的单自由度体系来说，这两种视频率是相同的。但是，对于抗风结构的反应来说，数值模拟法的结果表明，这两种视频率的差别往往不容忽视。

根据随机过程理论，结构反应的极值分布是介于瑞雷分布与高斯分布之间的。为此，首先讨论在上述两种极端情况下动力可靠性的计算公式。

当 $F_{x_m}(\lambda)$ 为瑞雷分布时，即

$$F_{x_m}(\lambda)=1-\exp\left(-\frac{\lambda^2}{2\sigma_x^2}\right) \tag{7-39}$$

则有

$$F_s(\lambda,-\lambda)=\left[1-\exp\left(-\frac{\lambda^2}{2\sigma_x^2}\right)\right]^N \tag{7-40}$$

我们称基于式(7-40)的动力可靠性计算方法为瑞雷分布法。

实际上可以证明，对于瑞雷分布法，当 $1-F_{x_m}(\lambda)$ 很小时，式(7-40)的结果(荷载为白噪声)与泊松过程法的结果是相同的。证明如下：

当 $r=\frac{\lambda}{\sigma_x}\to\infty$ 时，$\exp(-\frac{\gamma^2}{2})\to 0$，从而有

$$\begin{aligned}\lim_{\lambda\to\infty}F_s(\lambda,-\lambda)&=\lim_{\lambda\to\infty}\left[1-\exp\left(-\frac{\gamma^2}{2}\right)\right]^n\\&=\exp\left[-\exp\left(-\frac{\gamma^2}{2}\right)n\right]=\exp\left[-\exp\left(-\frac{\gamma^2}{2}\right)\frac{\sigma_{\ddot{x}}T}{\pi\sigma_{\dot{x}}}\right]\end{aligned} \tag{7-41}$$

若荷载为白噪声过程，而结构反应 $x(t)$ 为理想窄频带平稳过程时，有

$$\frac{\sigma_x^2}{\sigma_{\dot{x}}\sigma_{\ddot{x}}}=1 \quad 或 \quad \frac{\sigma_x}{\sigma_{\dot{x}}}=\frac{\sigma_{\ddot{x}}}{\sigma_x} \tag{7-42}$$

这时，式(7-40)的结果与泊松过程法的结果完全相同。

当结构的极值的概率分布函数 $F_{x_m}(\lambda)$ 为修正的正态分布时，有

$$F_{x_m}(\lambda)=\sqrt{\frac{2}{\pi\sigma_x^2}}\exp\left(-\frac{\lambda^2}{2\sigma_x^2}\right),\quad \lambda>0 \tag{7-43}$$

其中，$F_{x_m}(\cdot)$ 为结构反应极值分布的概率密度函数，即

$$F_{x_m}(\lambda)=\mathrm{erf}\left(\frac{\lambda}{\sqrt{2}\sigma_x}\right) \tag{7-44}$$

其中，erf(·)为误差函数，即

$$\mathrm{erf}(x)=\frac{2}{\sqrt{\pi}}\int_0^x e^{-t^2}\,dt$$

基于式(7-44)的动力可靠性计算方法，称为正态分布法。

应当指出，在一般文献中，式(7-43)中的变量λ的变化区间是$(-\infty,+\infty)$，但至少在动力可靠性计算中，λ不必采用这样的变化区间。首先对于绝对极值来说，变量λ的变化区间应为$(0,+\infty)$而不可能是$(-\infty,+\infty)$；同理，对于极大值或极小值来说，亦应采用$(0,+\infty)$或$(-\infty,0)$。

若假设结构反应的概率分布函数服从极值Ⅰ型分布，则有

$$F_{x_m}(x)=\exp\{-\exp[-\alpha(x-\mu)]\} \tag{7-45a}$$

其中，参数α、μ可由文献[46]中的式(9-38)确定。

同理，若假定结构反应的概率分布函数服从极值Ⅱ型分布，则有

$$F_{x_m}(x)=\exp\{-\exp[-a(\ln x-b)]\} \tag{7-45b}$$

其中，参数a、b由文献[46]中的式(9-58)确定。

若采用如下变换：

$$Z=c_1+c_2x+c_3\lg x$$

所得到的新的随机变量z服从极值Ⅱ型分布，则有

$$F_{x_m}(\lambda)=\exp\left(\frac{\lambda}{\sqrt{2}\sigma_x}\right) \tag{7-45c}$$

其中，参数c_1、c_2、c_3由文献[46]中的式(9-67)确定。

为了比较上述七种方法，即修正的Vanmarcke法、泊松过程法和五种极值分布（瑞雷分布、正态分布、极值Ⅰ型分布、极值Ⅱ型分布以及极值分布的尺度变换法）的适用性，对结构在风荷载作用下基于安全度（考虑单、双侧界限）的动力可靠性进行讨论。计算结果见表7-21及表7-22。

表7-21　结构位移反应动力可靠性的计算

频率 $f(\text{Hz})=0.5$　时间间隔 $t(\text{s})=1.0$　阻尼比 $\xi=0.02$							
$\sigma_x=0.098465$　$\sigma_{\dot{x}}=0.624144$　$\sigma_{\ddot{x}}=4.077119$							
界限 $r=\lambda/\sigma_x=1.5$							
方法1	方法2	方法3	方法4	方法5	方法6	方法7	方法8
0.929779	0.848057	0.913943	0.819334	0.810641	0.796286	0.837607	0.908725
0.864489	0.719201	0.835292	0.671308	0.657139	0.634071	0.701585	0.825781
0.803783	0.609924	0.763409	0.550025	0.532704	0.504902	0.587653	0.750407
0.747341	0.517250	0.697713	0.450654	0.431832	0.402046	0.492222	0.681913
0.694861	0.438658	0.637670	0.369236	0.350060	0.320144	0.412288	0.619672
0.646067	0.372007	0.582794	0.302528	0.283773	0.254926	0.345336	0.563111
0.600700	0.315483	0.532640	0.247871	0.230038	0.202994	0.289256	0.511713
0.558518	0.267548	0.486803	0.203089	0.186478	0.161641	0.242282	0.465006
0.519298	0.226896	0.444910	0.106398	0.151107	0.128712	0.202937	0.422562
0.482832	0.192421	0.406622	0.136336	0.122542	0.102492	0.169982	0.383993

续表 7-21

界限 $r=\lambda/\sigma_x=2.0$							
0.976637	0.933605	0.964226	0.928841	0.925331	0.922563	0.928045	0.961238
0.953821	0.871618	0.929732	0.862745	0.856237	0.851123	0.861267	0.923979
0.931537	0.813747	0.896471	0.801353	0.792302	0.785215	0.799294	0.888164
0.909774	0.759718	0.864401	0.744329	0.733142	0.724411	0.741781	0.853737
0.888519	0.709277	0.833478	0.691363	0.678399	0.668315	0.688406	0.820644
0.867761	0.662184	0.803661	0.042166	0.627748	0.616563	0.638871	0.78835
0.847488	0.618219	0.774911	0.596470	0.580870	0.568818	0.592901	0.758258
0.827688	0.577172	0.747189	0.5544026	0.537497	0.524771	0.550239	0.728866
0.803351	0.538851	0.720459	0.514602	0.497362	0.484134	0.510646	0.700614
0.789466	0.503074	0.694685	0.477983	0.466225	0.446645	0.473903	0.673457
界限 $r=\lambda/\sigma_x=2.5$							
0.993676	0.977943	0.987585	0.977449	0.969965	0.971885	0.962520	0.972408
0.987392	0.956372	0.975325	0.955407	0.940831	0.944561	0.926444	0.945577
0.981148	0.935277	0.963216	0.933861	0.912573	0.918005	0.891721	0.919487
0.974943	0.914647	0.951258	0.912802	0.885163	0.892195	0.858299	0.894116
0.968778	0.894472	0.939449	0.892218	0.858577	0.867111	0.826130	0.869445
0.962651	0.974473	0.927786	0.872097	0.832789	0.842733	0.7995167	0.845456
0.956563	0.855448	0.916268	0.852431	0.807776	0.819039	0.705364	0.822128
0.950514	0.836579	0.904893	0.833208	0.783514	0.796012	0.736678	0.799443
0.944503	0.818127	0.893659	0.814418	0.759981	0.773632	0.709067	0.777385
0.938530	0.800081	0.882564	0.796052	0.737155	0.751882	0.6824921	0.755935
界限 $r=\lambda/\sigma_x=3.0$							
0.998629	0.994876	0.996576	0.994345	0.987621	0.989961	0.978151	0.999018
0.997359	0.988785	0.993163	0.988722	0.975395	0.980022	0.950779	0.998037
0.995891	0.983224	0.989762	0.983131	0.963321	0.970183	0.935875	0.997057
0.994525	0.977695	0.986372	0.977572	0.951396	0.960443	0.915427	0.996079
0.993161	0.972197	0.982995	0.972043	0.939619	0.950801	0.8054226	0.995101
0.991799	0.966730	0.979628	0.966547	0.927388	0.941256	0.875862	0.994124
0.990439	0.961293	0.976274	0.961031	0.916500	0.931806	0.856725	0.993147
0.989081	0.955387	0.972930	0.955046	0.905155	0.922451	0.838007	0.992172
0.987724	0.950512	0.969599	0.950242	0.893950	0.913190	0.819697	0.991198
0.986670	0.945167	0.966278	0.944869	0.882884	0.904023	0.801788	0.990225

续表 7-21

界限 $r=\lambda/\sigma_x=3.5$							
0.999764	0.998890	0.999268	0.998889	0.994788	0.996436	0.986193	0.999026
0.999528	0.997782	0.998536	0.997779	0.989604	0.992885	0.972576	0.998054
0.999291	0.996674	0.997805	0.996671	0.984446	0.989347	0.959148	0.997082
0.999055	0.995568	0.997074	0.995563	0.979315	0.985821	0.945905	0.996110
0.998819	0.994463	0.996344	0.994457	0.974212	0.982308	0.932845	0.995141
0.998583	0.993359	0.995615	0.993352	0.969134	0.978807	0.919965	0.994172
0.998348	0.992257	0.994886	0.992248	0.964083	0.975319	0.907263	0.993204
0.998112	0.991156	0.994157	0.991140	0.959059	0.971843	.894736	0.992237
0.997876	0.990056	0.993429	0.990045	0.954060	0.968380	.882383	0.991271
0.997640	0.988957	0.992702	0.988945	0.949088	0.964929	.870199	0.990305
界限 $r=\lambda/\sigma_x=4.0$							
0.999968	0.999830	0.999880	0.999830	0.997767	0.998738	0.990734	0.999067
0.999936	0.999659	0.999759	0.999659	0.995539	0.997477	0.981554	0.998135
0.999903	0.999489	0.999639	0.999489	0.993317	0.996218	0.972459	0.997204
0.999871	0.999319	0.999519	0.999319	0.991099	0.994960	0.963448	0.996273
0.999839	0.999149	0.999398	0.999149	0.988886	0.993704	0.954520	0.995344
0.999807	0.998979	0.999278	0.998979	0.986678	0.992450	0.945676	0.994415
0.999775	0.998809	0.999158	0.998809	0.984475	0.991197	0.936913	0.993487
0.999742	0.998639	0.999037	0.998638	0.982277	0.989946	0.928231	0.992561
0.999710	0.998469	0.998917	0.998648	0.980084	0.988696	0.919630	0.991635
0.999678	0.998299	0.998797	0.998298	0.977895	0.987448	0.911109	0.990709

注：方法 1— 正态分布法；方法 2— 泊松过程法；方法 3—Vanmarcke 法；方法 4— 瑞雷分布法；方法 5— 极值分布的尺度变换法；方法 6— 极值 Ⅰ 型分布；方法 7— 极值 Ⅱ 型分布；方法 8— 数值模拟法。

表 7-22　单双侧界限的比较

单侧			双侧	
$r=\lambda/\sigma_x=1.5$			静位移 $m_x/\sigma_x=1.0$	
时间	方法 2	方法 3	方法 2	方法 3
1	0.848057	0.901658	0.847116	0.900992
2	0.719201	0.812987	0.717605	0.811678
3	0.609924	0.733037	0.607895	0.731267
4	0.517250	0.660949	0.514958	0.658821
5	0.438658	0.595950	0.436229	0.593553

续表 7-22

单侧			双侧	
$r=\lambda/\sigma_x=2.0$			静位移 $m_x/\sigma_x=1.0$	
1	0.933605	0.959451	0.933446	0.959325
2	0.871618	0.920546	0.871321	0.920305
3	0.813747	0.883219	0.813331	0.882871
4	0.759718	0.847405	0.759201	0.846961
5	0.709277	0.813044	0.708673	0.812511
$r=\lambda/\sigma_x=2.5$			静位移 $m_x/\sigma_x=1.0$	
1	0.977943	0.986066	0.977923	0.986050
2	0.956372	0.9672326	0.956333	0.972294
3	0.935277	0.958777	0.935220	0.958730
4	0.914647	0.945418	0.914573	0.945355
5	0.894472	0.932244	0.894382	0.932167
$r=\lambda/\sigma_x=1.5$			静位移 $m_x/\sigma_x=2.0$	
1	0.848057	0.901658	0.848057	0.901658
2	0.719201	0.82987	0.719201	0.812987
3	0.609924	0.733037	0.609923	0.733037
4	0.517250	0.660949	0.517250	0.660948
5	0.438658	0.595950	0.438657	0.595949

在计算中，所取结构的参数为自振频率 $f=0.5$ Hz，阻尼比 $\xi=0.02$，平均风速 $V_{10}=30$ m/s。脉动风谱采用 Davenport 谱。而结构的静力反应 m_x 假设为结构的动力反应的 K 倍（K 分别取 1 ～ 3），结构的破坏界限亦假设为 σ_x 的 N 倍（N 分别取 1.5 ～ 4）。从表 7-22 中可以看出，当 $m_x/\sigma_x=K=2$ 时，由同一方法算得的结构反应超越单侧界限（取 $\lambda_2=+\infty$）与超越双侧界限（λ_2 取实际值）的概率是完全一样的（$K>2$ 的值未给出）；而当比值 $K=1$ 时，单双侧界限的误差仅当 $\lambda_1/\sigma_x=N=1.5$ 时，结构的破坏界限才导致一点不大的误差，随着破坏界限的增大，误差亦将消失。而在通常情况下，结构的动力反应小于结构的静力反应，因此在基于安全度的动力可靠性计算中，可以将双侧界限简化为单侧界限而不致引起较大的误差。

从表 7-21 中还可以看出：当界限值不大时，采用极值分布服从瑞雷分布假设，而由式(7-40) 算得的结构动力可靠性比用泊松过程法算得的结果下降更快；Vanmarcke 的修正方法比泊松过程法好一些，与数值模拟的结果最为接近。在大界限时，由瑞雷分布法算得的结构的动力可靠性仍小于泊松过程法的结果，而其他几种方法的结果相近，而此时极值分布法的结果略小于泊松过程法的，正态分布法的结果在诸法中是最好的。

同时还对其他结构参数情况下的抗风结果位移反应的动力可靠性进行了计算；并且用

上述诸法讨论了在白噪声激励下单自由度体系的动力可靠性。结果发现，在各种情况下，正态分布法均优于泊松过程法，而其他几种极值分布法的结果似乎不甚稳定。因此，可以认为在抗风结构的动力可靠性的计算中，极值分布服从正态分布的假设，Vanmarcke 法是可以接受的，而瑞雷分布假设是不适宜的。

7.2.4　抗风结构在使用期限内的动力可靠性分析

若结构的使用期限为 N 年，则抗风结构在使用期限内的动力可靠性为

$$P_s(N) = P(S_1 \leqslant R_1 \cap S_2 \leqslant R_2 \cdots \cap S_i \leqslant R_i \cdots \cap S_j \leqslant R_j) \tag{7-46}$$

式中　S_i—— 抗风结构沿 i 方向的反应；

R_i—— 结构沿 i 方向的界限值。

如假定结构沿不同方向的破坏事件是独立的，则

$$P_s(N) = \prod_{i=1}^{j} P_s(i,N) \tag{7-47}$$

通常可只取 $j=2$，即仅沿结构的两个相互垂直的主轴方向验算其动力可靠性。式(7-47)中 $P_s(i,N)$ 为结构在 i 方向上的动力可靠性(为表达简洁起见，在下文中均略去 i)。

抗风结构 N 年的动力可靠性亦可用年的动力可靠性表示为

$$P_s(N) = [P_s(1)]^N \tag{7-48}$$

式中　$P_s(1)$—— 结构的年动力可靠性。

但应指出，也可直接用 N 年一遇的年最大风速进行动力可靠性分析，详见文献[46]中的第 13.5 节。

若风向的影响可不考虑，则

$$P_s(1) = \int_0^{\infty} P(S \leqslant R \mid V = V_{10}) f(V_{10}) \mathrm{d}V_{10} \tag{7-49a}$$

式中　$f(V_{10})$—— 标准高度年最大平均风速的概率密度函数。

在具体计算时，宜将积分式(7-49a)写成如下离散形式：

$$P_s(1) = \sum_{j=1}^{k} P(S \leqslant R \mid V_j = V_{0j})[F(V_{0j}) - F(V_{0,j-1})] \tag{7-49b}$$

式中　k—— 在风速的取值范围内所划分的等级数。

结构在风载作用下的位移反应 S 由两部分组成：平均风产生的静力位移反应 S_S 和脉动风产生的动力位移反应 S_d。因此，结构动力反应的破坏界限 λ_1、$-\lambda_2$ 为

$$\begin{cases} \lambda_1 = R - S_S \\ \lambda_2 = R + S_S \end{cases} \tag{7-50}$$

为简化计算，可设结构动力反应的极值符合正态分布假定，且结构的动力反应超越破坏界限 $-\lambda_2$ 的概率与超越破坏界限 λ_1 相比可以忽略不计。则在平均风和脉动风共同作用下，结构的条件动力可靠性为

$$P_s(\lambda_1, -\infty) = \left[1 - \mathrm{erf}\left(\frac{\lambda_1}{\sqrt{2}\sigma_x}\right)\right]^N \tag{7-51}$$

式中　T—— 脉动风的持时。

7.2.5 武汉电视塔抗风可靠性分析

本节以武汉电视塔为例，简述抗风可靠性分析的方法、步骤及主要结果。

(1) 年最大平均风速的统计

设年最大平均风速服从极值分布的尺度变化法。即令

$$t = a_1 + a_2 V + a_3 \lg V \tag{7-52}$$

而 t 服从极值型分布。

根据武汉地区资料用最小二乘法求得

$$a_1 = 18.5530,\quad a_2 = 1.7040,\quad a_3 = -36.9236$$

统计分析的过程及根据求得的 $a_i(i=1,2,3)$ 和极值 Ⅰ 型分布表计算的概率分布 $P_{ci}(\%)$ 列于表 7-23。

表 7-23　武汉地区年平均最大风速的统计

序号	V_i	$P_i=\frac{i}{n+1}\%$	t_i	$\lg V_i$	$V_i\lg V_i$	t_iV_i	$t_i\lg V_i$	$P_{ci}(\%)$
1	18.0000	3.70	3.2770	1.2553	22.5949	58.9868	4.1136	5.47
2	17.9000	7.41	2.5654	1.2529	22.4260	45.9036	3.2129	5.92
3	17.0000	11.11	2.1389	1.2304	20.9176	36.3615	2.6318	11.63
4	16.7000	14.81	1.8304	1.2227	20.4196	30.5684	2.2381	14.36
5	16.6000	15.52	1.5857	1.2201	20.2358	26.3234	1.9348	15.37
6	16.3000	22.22	1.3811	1.2122	19.7587	22.5111	1.6741	18.76
7	15.7000	25.93	1.2036	1.1959	18.7756	18.8969	1.4394	27.13
8	15.4000	29.63	1.0458	1.1875	18.2878	16.1059	1.2420	32.11
9	15.2000	33.33	0.9027	1.1818	17.9460	13.7213	1.0669	35.69
10	15.1000	37.04	0.7708	1.1790	17.8026	11.6397	0.9088	37.56
11	14.8000	40.74	0.6477	1.1703	17.3199	9.5860	0.7580	43.40
12	14.7000	44.44	0.5314	1.1673	17.1596	7.8115	0.6203	45.41
13	14.7000	48.15	0.4204	1.1673	17.1596	6.1800	0.4907	
14	14.7000	51.85	0.3135	1.1673	17.1596	4.6084	0.3659	
15	14.5000	55.56	0.2096	1.1614	16.8398	3.0388	0.2434	
16	13.9000	59.26	0.1077	1.1430	15.8879	1.4963	0.1230	61.88
17	13.8000	62.96	0.0068	1.1399	15.1032	0.0934	0.0070	63.89
18	13.4000	66.67	−0.0940	1.1271	14.7916	−1.2602	−0.1060	71.54
19	13.2000	70.71	−0.1959	1.1206	14.1723	−2.5858	−0.2195	75.05
20	12.8000	74.07	−0.3001	1.1072	14.1732	−3.8406	−0.3222	

续表 7-23

序号	V_i	$P_i = \frac{i}{n+1}\%$	t_i	$\lg V_i$	$V_i \lg V_i$	$t_i V_i$	$t_i \lg V_i$	$P_{ci}(\%)$
21	12.8000	77.78	−0.4082	1.1072	14.1732	−5.2247	−0.4519	
22	12.8000	81.48	−0.5226	1.1072	14.1732	−6.6892	−0.5786	81.28
23	12.8000	85.19	−0.6469	1.1072	14.1732	−8.2799	−0.7162	
24	12.6000	88.89	−0.7872	1.0040	13.8647	−9.9187	−0.8662	
25	11.8000	91.59	−0.9565	1.0719	12.6482	−11.2872	−1.0253	91.78
26	11.0000	96.30	−1.1927	1.0414	11.4553	−13.1193	−1.2420	95.79
$\sum$	378.2000		13.8336	30.1445	441.0095	251.6273	17.5334	

武汉地区年最大风速出现最频繁的方向是 NNE-NE。对这一方向的年最大平均风速亦用上述方法进行统计分析，求得的参数为

$$a_1 = 14.9581,\quad a_2 = 1.6642,\quad a_3 = -32.6198$$

同时用极值分布 Ⅰ 型对武汉地区最大风速进行统计，表 7-24 列出了 30 年、60 年和 100 年一遇(即保证率分别为 1/30、1/60、1/100) 的年最大平均风速。

表 7-24　几种统计结果的比较

保证率 \ 风速	不考虑风向		NNE-NE 方向	
	极值分布变换法	极值分布 Ⅰ 型	极值分布变换法	极值分布 Ⅰ 型
1/30	18.6120	18.5640	17.3240	17.2970
1/60	19.4210	19.5690	18.1360	18.3110
1/100	20.0040	20.3140	18.7100	19.0540

从表 7-23 可以看出，即使对于年最大风速出现最多的方向，百年一遇的风荷载也下降了 6.92%，而其他城市，则有可能下降更多。其次，对于武汉地区的最大风速来说，极值分布变换法与极值分布 Ⅰ 型的统计结果是很接近的，但对其他城市，有可能相差较大。从式(7-52) 可以看出，若分别令 $a_3 = 0$，$a_2 = 0$，则极值分布变换法将相应地转化为极值分布(Ⅰ 型) 和极值对数分布。可见，在一般情况下，极值分布变换法将较极值分布和极值对数分布的实现情况要好一些。

(2) 平均风速沿高度的分布

平均风速沿高度分布假定为按指数函数变化。即

$$V(x) = V_{10}\left(\frac{x}{10}\right)^{\alpha}$$

取 $\alpha = 0.16$，空气质量密度取 $\rho = \frac{1}{7.889} = 0.12676$。

(3) 武汉电视塔自由振动的计算

计算方法及结果详见文献[46] 中的第 8.6 节。

(4) 控制指标

据分析，电视塔主体结构在风荷载作用下强度的可靠性大于刚度的可靠性，故取其顶点位移为控制指标 R。根据使用要求，取

$$S = \frac{H}{400}$$

主体结构高 H 为 183 m。

(5) 计算 P_{V_i} 及 f_i

将 V 分成 11 个等级，即 $V = 1, 2, \cdots, 11$。当计算电视塔主体结构在每一级年最大平均风荷载作用下的顶点位移时，为保证精度，是按多阶变截面杆分析的。按自编的计算机程序，求得在百年一遇的平均风荷载作用下的塔顶静位移为 17.68 cm。

按式(7-48)、式(7-49)计算的武汉电视塔 N 年的动力可靠性如图 7-5 所示。图 7-5 中三条曲线分别表示为用泊松比法、模拟法计算的动力可靠性以及 NNE-NE 方向的动力可靠性。

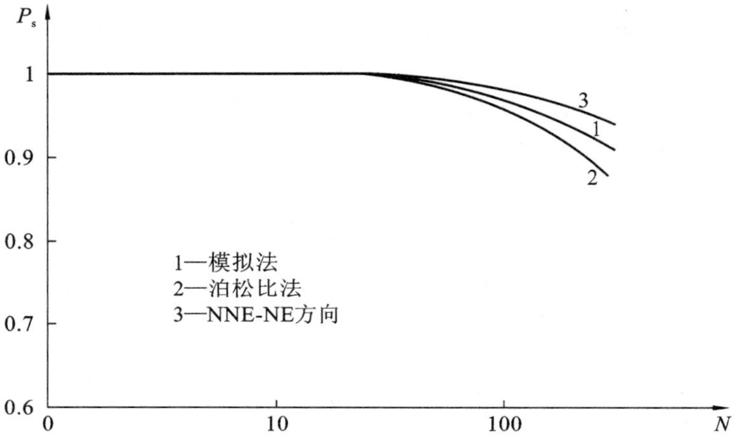

图 7-5 武汉电视塔的动力可靠性

从图 7-5 可以看出，在一年内顶点位移超越界限值($H/400$) 的概率小于 0.5%，而在 100 年顶点位移超越界限值的概率也只是 10% 左右。可见，武汉电视塔主体结构的可靠度是很高的。

从图 7-5 还可以看出，按泊松过程法计算的动力可靠性小于数值模拟法的相应值。其差值随界限增大而减小，随使用年限 N 的增大而增大。在 $N = 1$ 时，差值仅为 0.19%；在 $N = 100$ 时，差值达 17%。但是，考虑到计算年动力可靠性中可能产生的误差，如荷载的统计误差，结构参数的误差等，其数量级应不小于 0.19%，故采用泊松过程法计算动力可靠性是能满足工程设计要求的。

还应指出，考虑风向影响的动力可靠性有较大提高。在本例中，仅以结构沿 NNE-NE 方向的顶点位移为控制指标，在 100 年使用期限内，结构动力可靠性将增加 26%。即使假设其垂直方向的年最大平均风速的概率分布曲线与 NNE-NE 方向相同，100 年内的结构动力可靠性仍将增加 17%。由此可见，在抗风结构动力可靠性分析中，考虑风向的影响具有重大意义。

本章参考文献

[1] CORNELL C A. Engineering seismic risk analysis[J]. Bulletin of the Seismological Society of America, 1968,58(11):183-188.

[2] MILNE W G. Distribution of earthquake risk in Canada[J]. Bulletin on the Seismological Society of America,1969,59(2):729-754.

[3] MCGUIRE R K. FORTRAN Computer Program for Seismic Risk Calculations [J]. U. S. G. S. Open-File Report,1976,76.

[4] ALGERMISSEN S T. A Probabilistic Estimate of Maximum Acceleration in Rock in the Contiguous United States[J]. U. S. G. S. Open-File Report,1976,76.

[5] LI G Q,CAO H,LI Q S. Four Basic Formulas for Reliabilty of Earthquake-Resistant Structures[C]. Hong Kong:Proceedings of Asian Pacific Conference on Compntational Mechanics,1991.

[6] MCEWIN A,UNDERWOOD R,DENHAM D. Earthquake risk in Australia[J]. Australian Planner, 2010,47(1):54-57.

[7] ANG A H S. Probability Concepts in Earthquake Engineering in Applied Mechanics[J]. ASME, AMD,1974.

[8] KIUREGHIAN D. A Fault-Rupture Model for Seismic Risk Analysis[J]. Bulletin of the Seismological Society of America,1977,67(4):1173-1194.

[9] DOUGLAS B M,RYALL A. Seismic Risk in Linear Source Regions with application to the San Andreas fault[J]. Bull. Seism. Soc. Am. ,1977,67:233-241.

[10] KIREMIDJIAN A S,SHAH H C. Aeimic Risk Analysis for California State Water Project [R]. Stanford Univ. Report,No. 33.

[11] MORTGAT C P,SHAN H C. A Bayessian Model for Seismic Hazard Mapping[J]. BSSA. No. 4,1979.

[12] KAGAN Y Y,KNOPOFF L. A Stochatic Model of Earthquake Occurrence[J]. Proc. of 8th WCEE, 1984,2:295-302.

[13] SHAN H C,DONG W N. A Re-Evaluation of the Current Seismic Hazard Assessment Methodologies[J]. Proc. of 8th WCEE,1984,2:247-254.

[14] PAOLO E. Pinto,Camiuo Nuti,Seismic Strurtural Risk Model with Multiple Correlated Ground Motion Parameters.

[15] 鲍霭斌,李中锡,高小旺,等.我国部分地区基本烈度的概率标定[J].地震学报,1985(1):102-111.

[16] 片山恒雄.用加速度反应谱表示的地震危险性分析[J].国外地震工程,1981(4).

[17] 鲍霭斌,董伟民.地震危险分析[J].地震工程动态,1982(2):34-38.

[18] 高小旺,鲍霭斌.用概率方法确定抗震设防标准[J].建筑结构学报,1986,7(2):55-63.

[19] SHAN H C,ZSUTTY T C,KRAWINKLER H,et al. A Selsi-Design Proceedure for Nicar agna[J]. 6th WCEE,New Deihi,1977.

[20] 章在墉,陈达生.二滩水电站坝区场地地震危险性分析[J].地震工程与工程振动,1982(3):3-17.

[21] 沈华,李桂青.框架-砖填充墙结构的抗震安全度[J].武汉工业大学学报,1987(1):104-112.

[22] 王光远.论地震烈度的模糊性和随机性的表达方式[J].地震工程与工程振动,1985(3):3-7.

[23] 王光远.地震烈度的模糊综合评定及其在抗震结构设计中的应用[J].地震工程与工程振动, 1982(4):19-27.

[24] 刘锡芸,王孟玫,汪培庄.模糊烈度[J].地震工程与工程振动,1983(3).

[25] 王广军,苏经宇.场地类别的模糊综合评判[J].地震工程与工程振动,1985(2):30-44.

[26] 王光远.在非平稳强地震作用下结构反应的分析方法[J].土木工程学报,1964(1):16-24.

[27] 胡聿贤,周锡元.弹性体系在平稳和平稳化地面运动下的反应[C]// 地震工程研究报告集:第一集.北京:科学出版社,1962.
[28] 胡聿贤,周锡元.弹性体系地震反应的振型遇合问题[J].土木工程学报,1964(1):25-32.
[29] 王光远,李桂青.地震谱曲线的研究及地震作用下结构反应的分析方法[J].哈尔滨建筑工程学院学报,1960(4).
[30] 李桂青.在平稳与非平稳地震作用下结构反应的研究[C]// 武汉城市建设学院学术论文集,结构—001,1962.
[31] ROSENBLUETH E. Distribution of structural response to earthquakes[J]. Journal of Engineering Mechanics Division Asce Em3,1962,6:75-106.
[32] SUES R H,WEN Y K,ANG H S. Stochastic Seismic Performance Ealuation of Buildings:Technical Report of Research[R]. Springfield:Department of Civil Engineering,Univ. of Iiiinois,1983.
[33] ANG A H S,et al. Seismic Damage of R. C Buildings and Related Ground Motion and Building Damage Potential,San Francisco,March 27,1984.
[34] LAI S S P. Overall safety assessment of multistory steel buildings subjected to earthquake loads. Evaluation of seismic safety of buildings[J]. Massachusetts Inst. of Tech. report,1980.
[35] SHAH H C,DONG W M. Reliability assessment of existing buildings subjected to probabilistic earthquake loadings[J]. International Journal of Soil Dynamics & Earthquake Engineering,1984,3(1):35-41.
[36] SOLOMOS G P,SPANOS P I D. Structural Reliability under Eolutionary Saismic Excitation[J]. International Journal of Soil Dynamics and Earthquake Engineering,1983,2(2):110-114.
[37] YAO J T P. Damage assessment of existing structures[J]. Journal of the Engineering Mechanics Division,1980,106(4):785-799.
[38] BROWN C B. A fuzzy safety measure[J]. Journal of the Engineering Mechanics Division,1979,105:855-872.
[39] 刘锡荟.现行规范抗震设计方法安全度的评价及工程参数的确定[J].地震工程与工程振动,1982(1):23-34.
[40] 尹之潜,李树桢,孙萍舜,等.结构抗震的可靠度与位移控制设计[J].地震工程与工程振动,1982(2):47-57.
[41] 高小旺,鲍霭斌.地震作用的概率模型及其统计参数[J].地震工程与工程振动,1985(1):15-24.
[42] 韦承基,魏琏,高小旺,等.结构抗震弹塑性变形可靠度分析[J].工程力学,1986,3(1):60-70.
[43] 江近仁,洪峰.多层砖房的地震可靠性分析[J].地震工程与工程振动,1985(4):15-30.
[44] 欧进萍,王光远.基于模糊破坏准则的抗震结构动力可靠性分析[J].地震工程与工程振动,1986(1):3-13.
[45] 胡聿贤.地震工程学[M].北京:地震出版社,1988.
[46] 李桂青,曹宏,李秋胜,等.结构动力可靠性理论及其应用[M].北京:地震出版社,1993.
[47] 曹宏,李桂青.高耸结构动力可靠性分析[J].武汉工业大学学报,1985(4):97-105.